José Luis Rios Flores
Luis Gererdo Yáñez Chávez
Manuel de Jesus A. Ruiz-Esparza

Produtividade da água, do capital e do trabalho na cultura da maçã

José Luis Rios Flores
Luis Gererdo Yáñez Chávez
Manuel de Jesus A. Ruiz-Esparza

Produtividade da água, do capital e do trabalho na cultura da maçã

De Cuauhtémoc, Chihuahua, México, em produtores de baixa, média e alta tecnologia

ScienciaScripts

Imprint

Cover image: www.ingimage.com

This book is a translation from the original published under ISBN 978-620-2-15082-8.

Publisher:
Sciencia Scripts
is a trademark of
Dodo Books Indian Ocean Ltd. and OmniScriptum S.R.L publishing group

120 High Road, East Finchley, London, N2 9ED, United Kingdom
Str. Armeneasca 28/1, office 1, Chisinau MD-2012, Republic of Moldova, Europe
Printed at: see last page
ISBN: 978-620-7-67244-8

Conteúdo

RESUMO

O objetivo foi determinar a produtividade da água, do trabalho e do capital no cultivo da maçã vermelha (*Malus domestica*) em três diferentes graus de tecnificação em Cuauhtemoc, Chihuahua, México. Os indicadores que avaliaram a produtividade física, económica e social da água (pegada hídrica), do trabalho e do capital foram determinados através da aplicação de modelos matemáticos criados por nós. Os resultados indicam que Cuauhtemoc é o principal produtor de maçã vermelha no México, contribuindo com 25,95% dos US$ 4.265,3 milhões gerados pela cultura a nível nacional. $^{-3-33}$A produtividade da água, em termos físicos, económicos e sociais, foi a seguinte: física, 0,91, 2,02 e 3,18 kg m (a média mundial é de 70 litros/100 gr de maçã, ou seja, 1,428 kg m), económica, US$84.341, US$284.726 e US$614.244 de lucro bruto por hm , e social, 28,1, 19,6 e 22.^{3}7 empregos gerados por hm de água irrigada para produtores com baixo (BT), médio (MT) e alto (AT) uso de tecnologia, respetivamente, enquanto a produtividade do capital teve indicadores de 49,4, 58,4 e 86.1% de taxa de lucro, respetivamente para BT, MT e AT, constatando-se que a rentabilidade foi decrescente entre 2002 e 2013 para AT (diminuiu sua Relação Benefício-Custo "RB/C" de 2,38 para 1,86) e MT (diminuiu sua RB/C de 1,86 para 1,58) e crescente em BT (diminuiu sua RB/C de 1,86 para 1,58).
(aumentando sua RB/C de 1,37 para 1,49), e a produtividade social do capital foi de 164,5, 40,1 e 31,8 empregos por milhão de US$ investidos para LV, MV e HV, respetivamente. Cada hora de trabalho produziu em LV, MV e HV, em termos físicos, 14,0, 44,8 e 60,8 kg, e US$1,30, US$6,31 e US$11,73 de lucro. O custo por kg foi de US$ 0,19 (BT), US$ 0,24 (MT) e US$ 0,22 (AT).

Palavras-chave: Produtividade, pegada Imdrica, eficiência social.

CAPÍTULO I

INTRODUÇÃO

De todos os sectores da economia, a agricultura é o mais sensível à escassez de água, empregando aproximadamente 70% das retiradas globais de água doce, o que faz dela o sector com mais possibilidades ou opções de ajustamento (UN-Water, 2012)[1]. [1] [2]A avaliação da Pegada Métrica contribui com uma nova perspetiva, na qual as necessidades totais de água são quantificadas e localizadas geograficamente (Aldaya *et al.*, 2011) . O conceito de pegada métrica foi introduzido como uma analogia à pegada ecológica, indicando o uso da água em vez do uso do solo. A pegada métrica é um indicador da utilização da água que mostra a utilização direta e indireta do recurso hídrico. É definida como o volume total de água doce utilizado para produzir um determinado bem ou produto. [3]A pegada métrica é um indicador geograficamente explícito que mostra não só os volumes de utilização da água e de poluição, mas também as localizações (Hoekstra *et al.,* 2011) .

Na pegada métrica distinguem-se três cores: azul, verde e cinzento. A pegada métrica azul refere-se ao consumo de recursos hídricos de águas superficiais e subterrâneas. Por "consumo" entende-se a perda de água de uma massa de águas superficiais ou subterrâneas numa bacia hidrográfica à medida que a água se evapora, regressa a outra bacia, ao mar ou é incorporada num produto. A pegada hídrica verde refere-se ao consumo da água da chuva armazenada no solo sob a forma de humidade (Falkenmark e Rockstrom, 2004[4]; 2006[5]). A pegada hídrica cinzenta é um conceito ainda em debate e refere-se à poluição. [4] [5] [6]É definida como o volume de água doce necessário para assimilar uma carga de

---

[1] UN-Water, (2012). O Desenvolvimento Mundial da Água das Nações Unidas: Gestão da Água sob incerteza e risco. Programa Mundial de Avaliação da Água (WWAP). Relatório 4. Unesco, Paris, França.861p.

[2] Aldaya M. M., Niemeyer I, e Zarate E. (2011). Água e Globalização: Desafios e oportunidades para uma melhor gestão dos recursos hídricos. Revista Espanola de Estudios Agrosociales y Pesqueros, 2011; 230: 61-83.

[3] Hoekstra Arjen Y., Ashok K. Chapagain, Maite M. Aldaya e Mesfin M. Mekonnen. Chapagain, Maite M. Aldaya e Mesfin M. Mekonnen (2011). The Water Footprint Assessment Manual Setting the Global Standard (Manual de Avaliação da Pegada Hídrica: Definindo o Padrão Global). Earthscan Ltd, Dunstan House, 14a St Cross Street, Londres. ISBN: 978-1-84971-279-8.

[4] Falkenmark, M., & Rockstrom, J. (2004). *Balancing water for humans and nature: the new approach in ecohydrology.* Earthscan.

[5] Falkenmark, M. & Rockstrom, J. (2006). The New Blue and Green Water Paradigm: Breaking New Ground for Water Resources Planning and Management. *J. Water Resour. Plann. Manage.* 132(3), 129-132.

[6] Salmoral, G., Dumont, A., Aldaya, M. M., Rodriguez-Casado, R., Garrido, A., & Llamas, M. R. (2012). *Análise da pegada lvdric alargada da bacia do rio Guadalquivir.* Fundação Marcelino Botin.

poluentes com base nas actuais normas ambientais de qualidade da água (Samoral *et al.,* 2012) .
[7]Na produção vegetal, o objetivo de promover a eficiência do uso da água é produzir rendimentos económicos mais elevados com menos água, quando a água é um fator limitante, como nas zonas áridas (Boutraa, 2010) . [8]Por conseguinte, é urgente desenvolver estratégias adequadas de poupança e conservação das águas subterrâneas (ouro azul) para promover sistemas agrícolas e humanos sustentáveis, o que pode ser conseguido através de sistemas de irrigação adequados à situação atual (Postel, 2000) . [9]A macieira necessita de rega para atingir elevadas produções e qualidade dos frutos, mas como o abastecimento de água se tornou um fator limitante nas principais zonas de produção, a exploração desta cultura deve ser orientada em termos de produtividade da água (Passioura, 2006) . Portanto, o objetivo deste trabalho foi determinar a pegada hídrica da produção de macieiras no município de Canatlan, Durango, de produtores de baixa e alta tecnologia.

[7] Boutraa, T. (2010). Melhoria da eficiência do uso da água na agricultura de regadio: uma revisão. *Jornal de Agronomia*, *9*(1), 1-8.
[8] Postel, S. L. (2000). Entrando numa era de escassez de água: os desafios futuros. *Ecological applications*, *10*(4), 941-948.
[9] Passioura, J. (2006). Aumentar a produtividade das culturas quando a água é escassa - da criação à gestão no terreno. *Agricultural water management*, *80*(1), 176-196.

CAPÍTULO II

II. PROBLEMA A TRATAR, OBJECTIVO E HIPÓTESE

2.1 Problema a tratar e objetivo

[3]A quantidade de água doce no planeta não ultrapassa 3% da quantidade total de água no planeta, que em termos absolutos corresponde a 35 milhões de km. Além disso, há um milhão de anos, estimava-se que a Terra tinha pouco menos de um milhão de habitantes, mas atualmente já existem 7,2 mil milhões de seres humanos no planeta.[3] [10]Em termos absolutos, cada ser humano corresponde a 35 km de água doce (ONU, 2014) .
Atualmente, cada ser humano representa apenas 0.[33]00486 km , enquanto que um m de água gera $512 pesos de lucro quando utilizado na indústria, na agricultura gera-se em média apenas $2, para além do elevado risco associado à produção agrícola, por outro lado, a agricultura é o macro utilizador que mais água doce consome: 82% em média a nível mundial, embora em alguns países, como os EUA, a agricultura represente apenas 40% do consumo total de água doce, enquanto nos países mais atrasados a agricultura consome até 95% da água doce, sendo a diferença utilizada pela indústria e pelo sector doméstico, bem como pela produção de energia. A água é um recurso extremamente importante para a humanidade, sem ela a vida simplesmente não seria possível para a espécie humana. No entanto, parece que a humanidade não tomou consciência clara da sua importância e actua como se a água fosse um recurso infinito, desperdiçando-a, poluindo-a e fazendo uma utilização ineficiente da mesma (Gamez, 2014)11.[11]

[3]É neste sentido que o presente trabalho se enquadra na *problemática* da utilização eficiente e produtiva do tão *escasso* recurso *água* pelo sector agrícola, tendo como *objetivo* geral a geração de indicadores numéricos que reflictam a quantidade de água de rega utilizada na produção de um quilograma de produto físico, bem como, da quantidade de valor monetário que se gera ao

---

[10] ONU, 2014. Nações Unidas. Departamento de Assuntos Económicos e Sociais, http://www.un.org/es/html

[1111] Gamez, A.B. 2014. Produção de morango *(Fragaria vesca)* de DR-14 Rio Colorado, BC e DR-085 Celaya, Guanajuato e sua pegada hídrica. Tese de bacharelato. Universidad Autonoma Chapingo. Unidade Regional Universitária de Zonas Aridas, Bermejillo, Durango.

regar um m de água. Embora os factores trabalho e capital sejam finitos, não são tão escassos como a água, mas isso não exclui a necessidade de indicadores da utilização mais produtiva desses factores. Por outro lado, existe pouca ou nenhuma informação sobre a produtividade da água, do trabalho e do capital na produção de maçã vermelha (*Malus domestica*) no México, especificamente no município de Cuauhtemoc, Chihuahua, México, pelo que o *objetivo específico* foi determinar numerosos indicadores que medem a produtividade da água, do trabalho e do capital no cultivo de macieiras, para três níveis diferentes de tecnologia de produção.

2.2 Hipóteses

[3]**Primeira hipótese**: A produtividade da ***água de irrigação*** no cultivo de maçã vermelha (*Malus domestica)* em Cuauhtemoc, Chihuahua (medida como pegada hídrica em **L kg^{-1} e kg m^{-3} e lucro e emprego gerados por hm)** é ***maior*** em produtores altamente tecnificados "AT" do que em produtores com uso médio "MT" e baixo "BT" de tecnologia.

Segunda hipótese: A produtividade do ***capital*** na cultura da maçã vermelha (*Malus domestica)* em Cuauhtemoc, Chihuahua (medida como produtividade sob a forma de **Rácio Benefício-Custo e emprego gerado por milhão de dólares investidos na produção**) é ***mais elevada*** nos produtores altamente tecnificados "AT" em relação aos produtores de média (MT) e baixa (BT) utilização de tecnologia.

Terceira hipótese: A produtividade do ***trabalho*** no cultivo de maçã vermelha (*Malus domestica)* em Cuauhtemoc, Chihuahua (medida na forma de **kg de maçã e**
US$ de lucro produzido por hora de trabalho) é ***mais elevado*** nos produtores altamente tecnificados "A" do que nos produtores de média (MT) e baixa (BT) tecnificação.

III. REVISÃO DA LITERATURA

3.1 A ligação água-alimentos

A água desempenha uma grande diversidade de papéis no Planeta Terra, sendo necessária em todos os ecossistemas terrestres dos quais derivam os nossos alimentos. A água está diretamente relacionada com as necessidades alimentares do homem enquanto alimento essencial, uma vez que este não pode sobreviver sem água potável durante mais do que alguns dias. A ironia é que, enquanto as necessidades de água potável são de alguns litros por dia, a água incorporada na dieta diária do homem pode ser mil vezes superior. A falta de sensibilização do público para este facto é apenas um exemplo da compreensão e visibilidade limitadas que a maioria das questões relacionadas com a água têm nas sociedades modernas.

Nas últimas décadas, o crescimento demográfico e o desenvolvimento económico fizeram aumentar a procura de alimentos e, consequentemente, a procura de água. Ao mesmo tempo que a procura de água para a agricultura aumentou, outros sectores da sociedade também aumentaram a sua procura, em especial o ambiente. [13]Dadas as restrições económicas e ambientais ao aumento da oferta de água para satisfazer a procura crescente, as perspectivas de escassez de água estão a aumentar em muitas regiões do mundo (Molden, 2007) . Entre as muitas dimensões da questão da segurança alimentar, a disponibilidade de água para a produção de alimentos tornou-se a mais crítica. [14]Por exemplo, os peritos em recursos hídricos têm a perceção de que a procura crescente de outros sectores da sociedade poderá, no futuro, limitar a atribuição de água à agricultura de regadio (Jurado e Vaux, 2005) .

A água necessária para satisfazer as necessidades alimentares é substancial e é inexoravelmente aumentada pelo crescimento da população e também pelo desenvolvimento económico. [15] As

---

[13] Molden D. 2007. *Water for food, water for life: a comprehensive assessment of water management in agriculture. Londres: Earthscan; Colombo: Instituto Internacional de Gestão da Água; 2007.*

[14] Jury, W. A., & Vaux, H. (2005). The role of science in solving the world's emerging water problems. *Actas da Academia Nacional de Ciências dos Estados Unidos da América*, *102*(44), 15715-15720.

[15] Harrison, P., Bruinsma, J., de Haen, H., Alexandratos, N., Schmidhuber, J., Bodeker, G., & Ottaviani, M. G. (2002).

estimativas de Harrison *et al.* (2002) indicam que a pegada hídrica aumentou, em média, 20%-30% durante o período em que ocorreu o desenvolvimento económico moderno, devido ao aumento do consumo de proteínas e gorduras animais. Por conseguinte, mesmo que o crescimento da população seja controlado, o aumento per capita da procura de água para alimentação devido ao desenvolvimento económico é também inevitável, a menos que ocorram mudanças drásticas no regime alimentar no futuro.

Na sequência do rápido aumento da produtividade das culturas a nível mundial entre 1960 e 1990, os decisores políticos no domínio da ciência convenceram-se de que a capacidade da Terra para produzir alimentos era suficientemente grande para satisfazer qualquer procura futura. Isto levou a um declínio dos esforços de investigação agrícola, com exceção dos investimentos em grandes investigações sobre a biologia molecular das plantas e as alterações climáticas. [16]Os poucos avisos iniciais sobre as incertezas quanto à resposta ao desafio da segurança alimentar (Penning de Vries, 2001, sobre a degradação dos solos) foram seguidos, mais recentemente, por um interesse renovado por este tema, especialmente em consequência do forte aumento dos preços dos alimentos em 2008. As flutuações subsequentes dos preços mundiais revelam uma tendência constante para a subida que, sem dúvida, tem muitos factores (políticas mal orientadas, especulação, concorrência da produção de biocombustíveis, etc.), mas também é afetada por um desequilíbrio fundamental entre a oferta e a procura. [17]Por conseguinte, não é surpreendente que a segurança alimentar não só tenha passado para a linha da frente da investigação agrícola, mas seja agora considerada uma questão importante para a investigação mais fundamental (Nature, 2010) .

3.1.1 Escassez de água e produção de alimentos

[18]De acordo com Fereres *et al.* (2011), a segurança alimentar tem muitas dimensões, mas, em termos de disponibilidade de água, a

---

World agriculture: towards 2015/2030. *Online, http://www. fao. org/documents.*

[16] De Vries, F. P. (2001). Segurança alimentar? Estamos a perder terreno rapidamente! *Crop science: Progress and prospects*, 1.

[17] Natureza. Pode a ciência alimentar o mundo? 2010. http://www.nature.com/news/specials/food/index.html. Acesso 30 de julho de 2015.

[18] Fereres, E., Orgaz, F., & Gonzalez-Dugo, V. (2011). Reflexões sobre segurança alimentar sob escassez de água. *Journal of Experimental Botany*, *62*(12), 4079-4086.

principal questão é ^Haverá alimentos suficientes num futuro previsível? e ^Haverá água suficiente para produzir alimentos suficientes? Existem basicamente três estratégias para lidar com a escassez de água na produção de alimentos.

• Aumentar o abastecimento de água e as terras acima dos níveis actuais.

• Aumentar a produtividade da água, quer melhorando o rendimento, quer melhorando a eficiência da utilização da água, ou ambos.

• A importação de água sob a forma de alimentos (água virtual), uma opção para fazer face à escassez regional de água, que depende principalmente da economia e do comércio mundiais.

O desenvolvimento de novas fontes de água e/ou a reafectação de água de outros sectores para aumentar a produção alimentar tem um potencial limitado em algumas zonas e já não é possível noutras regiões do mundo. Além disso, se a reafectação for feita à custa do ambiente, poderá levar à degradação dos serviços ambientais e causar impactos negativos irreversíveis nos ecossistemas. [19]A expansão das terras agrícolas é outra opção que tem sido responsável por 20% do aumento da produção alimentar nas últimas décadas, mas tem um potencial limitado devido à urbanização e aos processos de degradação dos solos (De Vries, 2001) .

A estratégia de aumento da produtividade é a principal responsável pelo aumento de 80% da produção, mas este aumento da produção não foi conseguido sem impactos negativos no ambiente que ameaçam a sustentabilidade dos sistemas agrícolas. Não há dúvida de que o aumento da produtividade é a principal estratégia para o futuro, mas, ao mesmo tempo que os recursos hídricos são limitados, os sistemas agrícolas terão de se tornar mais sustentáveis. Os aumentos de produtividade surgiram principalmente como consequência de aumentos de rendimento. (Fischer *et al.,* 2009)[19] e muito menos devido à redução da utilização da água.

---

[19] De Vries, F. P. (2001). Segurança alimentar? Estamos a perder terreno rapidamente! *Crop science: Progress and prospects*, 1.

[19] Fischer, R. A., Byerlee, D., & Edmeades, G. O. Can technology deliver on the yield challenge to 2050? 46p

3.2 Agricultura de sequeiro e produção alimentar

É importante sublinhar que as fronteiras entre a agricultura de sequeiro e a agricultura de regadio estão a tornar-se pouco nítidas. Por um lado, a incerteza no abastecimento de água a muitas áreas irrigadas gera variações na irrigação em relação às áreas de sequeiro em cada estação. Por outro lado, os agricultores de sequeiro em muitas zonas do mundo estão dispostos a desenvolver instalações de armazenamento para fornecer irrigação suplementar às suas culturas, sempre que possível. Por outro lado, na maior parte das zonas, a precipitação é uma parte importante da utilização sazonal consumptiva das culturas de regadio, pelo que a tendência atual de separar a água "azul" da "verde" (Falkenmark e Rockstrom, 2006) é questionável.

Claramente, apenas uma pequena proporção da área cultivada do mundo está equipada para irrigação (entre 15-20%), e importantes restrições económicas, ambientais e institucionais restringem a expansão da irrigação. De facto, a agricultura de regadio à escala regional será muito dinâmica no futuro, expandindo-se em algumas áreas e diminuindo noutras, limitada pela disponibilidade de água, salinidade e mercados. O aumento da produtividade dos sistemas de sequeiro será crucial, uma vez que estes cobrem a maioria das terras agrícolas. A variabilidade da precipitação é a principal fonte de incerteza e a principal causa de grandes flutuações nos rendimentos dos agricultores. A ameaça que os anos de baixo rendimento representam para a sustentabilidade da agricultura explica a natureza conservadora da maioria das práticas de gestão agrícola adoptadas pelos agricultores de sequeiro. No entanto, as práticas destinadas a evitar anos de seca extrema tendem a deixar os recursos por utilizar nos anos bons, porque não tiram pleno partido das condições periodicamente favoráveis. Em muitos sistemas de sequeiro, o equilíbrio entre produtividade e sustentabilidade deve ser inclinado mais para a produtividade no futuro, quer aceitando mais riscos, quer diminuindo-os. Para diminuir o risco, a atenção deve centrar-se no aumento do abastecimento de água às culturas, quer através da utilização de lavoura de conservação, quando adequado, quer através do desenvolvimento de irrigação suplementar, quando viável. A melhor opção para reduzir o risco é gerir com prudência, com base numa série de ferramentas e abordagens que estão a ser desenvolvidas para fornecer previsões de precipitação antes da estação e resultados esperados das decisões de gestão (Cooper *et al.*, 2008)20. [20]Este é um domínio de investigação que merece muito mais atenção, pois permitiria tornar a agricultura de sequeiro mais sustentável.

3.3 Agricultura de regadio e produtividade da água

Não há dúvida de que a agricultura de regadio é essencial para satisfazer a procura futura de alimentos, mas também enfrenta numerosos problemas que ameaçam a sua sustentabilidade. O problema da salinidade, a drenagem é inerente à agricultura de regadio e não pode ser resolvido de forma permanente, mas é necessária investigação a longo prazo para otimizar a gestão da salinidade e minimizar o impacto ambiental da irrigação. A futura escassez de água conduzirá provavelmente a uma utilização generalizada da irrigação deficitária, uma prática que aumenta a eficiência da utilização da água de irrigação, mas que exige um controlo preciso dos níveis de stress hídrico e da acumulação de salinidade. Outra grande ameaça à sustentabilidade da irrigação é a sobre-exploração das águas subterrâneas, um problema crescente em muitas zonas do mundo. Por exemplo, na Planície do Norte da China, a utilização consumptiva da atual rotação trigo-milho excede largamente a recarga sustentável dos aquíferos da área, fazendo com que o lençol freático diminua constantemente na última década.

3.4Agricultura de regadio ligada à sobre-exploração de aquíferos no México

[21]No México, em 2010, cerca de 37% do volume total concessionado para usos consumptivos, ou seja, usos que consomem água na própria atividade, provinha de águas subterrâneas (CONAGUA, 2011a) . [3-122]O principal uso agrupado da

[2020] Cooper, P. J. M., Dimes, J., Rao, K. P. C., Shapiro, B., Shiferaw, B., & Twomlow, S. (2008). Como lidar melhor com a atual variabilidade climática nos sistemas agrícolas de sequeiro da África Subsariana: um primeiro passo essencial para a adaptação às futuras alterações climáticas? *Agriculture, Ecosystems & Environment*, *126*(1), 24-35.

[21] CONAGUA (2011a), Atlas del Agua en México, SEMARNAT-Gobierno Federal, México.
[22] CONAGUA (2011b), Estadisticas del Agua en Mexico, Comissão Nacional da Água. Disponível em:

água no México, a agricultura - que inclui a agricultura, a aquacultura, a pecuária, os usos múltiplos e outros - tem um volume concessionado de cerca de 61,8 mil milhões de m ano , dos quais 33,8% são extraídos das águas subterrâneas (CONAGUA, 2011b) . Por outro lado, a nível nacional, dos 11,4 biliões de m3/ano concessionados para uso público urbano e doméstico, 62,2% são provenientes de águas subterrâneas.
De acordo com a CONAGUA, (2011b) dos 653 aquíferos no México, 32 estavam sobre-explorados em 1975, ou seja, em 32 aquíferos estava a ser extraída mais água do que estava a ser recarregada. Em 1985 já existiam 80 aquíferos e em 31 de dezembro de 2009 existiam 100 aquíferos, dos quais se extraía 53,6% da água subterrânea nacional. É preocupante que mais de metade da água subterrânea provenha de aquíferos sobre-explorados, mas é ainda mais alarmante que, de acordo com a CONAGUA (2011a), o uso agrícola agrupado da água subterrânea tenha aumentado para 23,2% de 2001 a 2009 e, além disso, que os usos públicos urbanos e domésticos da água subterrânea tenham crescido 30,3% no mesmo período. Dos cem aquíferos já sobre-explorados a nível nacional em 2009, 72 estão localizados nos estados de Sonora, Chihuahua, Baja California, Baja California Sur, Coahuila, Durango, Nuevo Leon, Guanajuato, Puebla, San Luis Potosi, Zacatecas, Estado de Mexico e Queretaro (CONAGUA, 2011b).
[23]O problema da sobre-exploração da água é generalizado. No México, Caravanes (2013) relata que dos 314 292 direitos de água, 76% do volume concessionado é extraído para fins agrícolas, 16% para uso público urbano e 5,2% para uso industrial. A maioria dos poços está dividida entre uso agrícola e uso público urbano. O mesmo estudo mostra que as zonas de maior pressão estão distribuídas por todo o território mexicano. No entanto, todos os valores indicam uma

---

www.conagua.gob.mx
[23] Caravantes, R. E. D., Pena, L. C. B., Cejudo, L. C. A., & Flores, E. S. (2013). Pressão antropogénica sobre as águas subterrâneas no México: uma abordagem geográfica. *Investigaciones Geograficas, Boletm del Instituto de Geografia, 2013*(82), 93-103.

A pressão total é muito forte na região de Bajfo, na Comarca Lagunera e no centro-oeste de Chihuahua. Estes resultados são discutidos numa perspetiva geográfica, demonstrando a utilidade de incorporar indicadores ambientais para avaliar a pressão exercida sobre os recursos hídricos do país (Fig. 1).

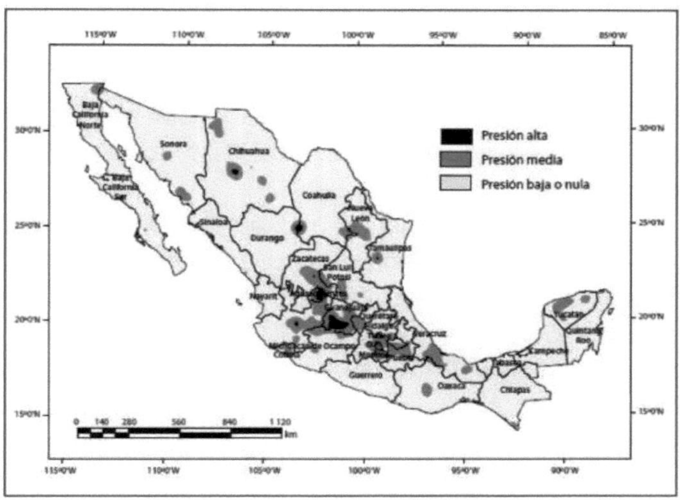

Fig. 1. Áreas de pressão antropogénica sobre as águas subterrâneas no México. Fonte: Caravanes *et al.*, (2013).

3.4.1 Caso Cuauhtemoc, Chihuahua

[24]Chihuahua é o maior estado do país, representando um oitavo da superfície total do território nacional (Plan Estatal de Desarrollo 2004- 2011, 2004). Uma grande parte deste território é constituída por zonas agrícolas, que constituem a principal atividade económica do Estado. A região de Cuauhtemoc é uma das mais importantes do estado, pois produz uma variedade de culturas como o milho, o feijão e a aveia, principalmente. [25]Da mesma forma, o estado de Chihuahua é o principal produtor de maçãs do país, com uma contribuição de mais de 58% da produção nacional, além disso, mais de 75% do produto nacional é selecionado e embalado no estado (UACH, 2007) .

[24] Plano de Desenvolvimento do Estado 2004-2010. Governo do Estado de Chihuahua. pp. 99-101.
[25] UACH, (2007). Evaluacion de Alianza para el Campo de los Sistemas Producto Fruticolas en el Estado de Chihuahua. Universidade Autónoma de Chihuahua, 26-37pp.

[26]De acordo com o Plano de Desenvolvimento do Estado do Governo do Estado de Chihuahua (2006), a agricultura é abastecida com mais de 85% da água utilizada no estado, através de mais de 13500 poços registados no estado, com os quais são irrigados cerca de 338 mil hectares. Desses poços, 3650 estão localizados na região de Cuauhtemoc, emoldurada pela Bacia da Lagoa dos Bustillos. Mas devido ao excesso de extração e à baixa eficiência na condução da água, além de fatores climáticos, a grande maioria dos aqüíferos do estado está passando por um estágio de superexploração, como é o caso do Aqüífero Cuauhtemoc.

[3]Uma caraterística fundamental da área é que o aquífero é recarregado apenas pela água da chuva, com uma recarga média anual de apenas 115 hm (CONAGUA e COLPOS, 2007)27. [327] [28]Se isso for associado à grande seca que vem ocorrendo nas últimas décadas, é possível antever os possíveis efeitos da superexploração do aquífero, principalmente se considerarmos que são extraídos anualmente 569,4 hm (CONAGUA, 2009), dos quais 92,7% são para uso agrícola, 4% para o sustento da área urbana e 3,3% para atividades pecuárias.

3.5Água e cultivo de macieiras em Cuauhtemoc, Chihuahua

[29]A macieira [Malus sylvestris (L.) Mill. var. Domestica (Borkh.) Mansf.], ocupa um dos primeiros lugares no estado de Chihuahua pela superfície plantada, produção e qualidade da fruta, sendo a cultivar Golden Delicious a mais importante (Guerrero-Prieto *et al.*, 2004) . [30]De acordo com Pena e Alatorre, (2013) , na área de estudo um total de 1467 poços foram localizados dentro da categoria de agricultura cultivada, e ao somar os volumes de volumes concessionados registados na área de estudo, o número total de poços na categoria de agricultura cultivada é

---

[26] Plan estatal de desarrollo 2010 -2016 (2010). Governo do Estado de Chihuahua, pp. 160-167.

[27] CONAGUA e COLPOS. (2007). Plan diretor: union de asociaciones de usuarios de aguas subterránraneas del acuifero de Cuauhtemoc, Chihuahua, S de RL de IP de CV, Comision Nacional del Agua.

[28] CONAGUA (2009). Atualização da Disponibilização Média Anual de Água Subterrânea Acuifero (0805) Cuauhtemoc, Estado de Chihuahua, Comissão Nacional da Água. Disponível em: http://www.conagua.gob.mx

[29] Guerrero-Prieto, V., Trevizo, G., Figueroa, C., Romo, A., Gardea, A., & Blanco, C. (2004). Identificação de leveduras epifíticas obtidas de maçã [Malus sylvestris (L.) Mill. var. domestica (Borkh.) Mansf.] para controlo biológico pós-colheita. *Revista Mexicana de Fitopatologia*, *22*(2), 223-230.

[30] Pena, A. G., & Alatorre, L. C. Avaliação das captações de água subterrânea por métodos indirectos na região de Cuauhtemoc, Chihuahua, México: aplicação de deteção remota e SIG.

[331]dos volumes concessionados registados no REPDA dá um volume de extração de 135,45 hm (CONAGUA, 2010) . Esta informação mostra que todas as culturas analisadas (milho, aveia, feijão e macieira) não cumprem este volume concessionado, o que pode estar a provocar uma sobre-exploração do aquífero. Com base na Tabela 1, pode dizer-se que todas as culturas estão a exceder o volume concessionado, especialmente o milho. A longo prazo, isso pode fazer com que o Aquífero Cuauhtemoc apresente uma séria diminuição do seu nível estático, causando não só problemas para a continuação da atividade agrícola, mas também causando falta de água para a população da região. No aquífero Cuauhtemoc, a zona agrícola tem uma extensão estimada de 54.568 hectares. [3]Ao longo desta superfície, a dinâmica existente fez com que a exploração dos recursos hídricos fosse consideravelmente afetada, mais especificamente, 569,4 hm são extraídos anualmente, distribuídos em 92,7% para uso agrícola, 4% para uso público urbano, enquanto 3.[332]Estas acções conduziram a uma considerável sobre-exploração do aquífero, sobretudo se tivermos em conta que a recarga natural anual do aquífero é de 115 hm (CONAGUA, 2009) .

Tabela. 1: Diferenças entre o volume concessionado e o volume extraído na mina de carvão de Cuauhtemoc, Chihuahua 2011.

Cultivo	Vol. [3]Concedido (hm)	Vol. [3]Necessário por ciclo agrícola (hm)	Diferença entre Vol. requerido e concessionado.
Aveia	135.449	257.961	122.512
Ma^z	135.449	335.349	199.900
Feijão	135.449	206.369	70.92
Apple	135.449	167.674	30.225
Valores calculados para a superfície cultivada de 51 para o ciclo agrícola de 2011.			579,34 hectares

[31] CONAGUA (2010). Registro Publico de Derechos de Agua, Comision Nacional del Agua. Recuperado em 15 de outubro de 2010. Disponível em www.conagua.gob.mx

[32] CONAGUA (2009). Atualização da Disponibilização Média Anual de Água Subterrânea Acuifero (0805) Cuauhtemoc, Estado de Chihuahua, Comissão Nacional da Água. Disponível em: http://www.conagua.gob.mx

[33]Por outro lado, se compararmos os resultados obtidos com os estudos efectuados pela Comissão Nacional da Água e pelo Colégio de Pós-Graduados (CONAGUA e COLPOS, 2007) , a situação agrava-se e confirma as previsões feitas para o aquífero Cuauhtemoc, Chih, [34]onde o enorme défice de recarga nos leva a estimar que num período não superior a 12-15 anos o aquífero não será capaz de manter esta extração (CONAGUA e COLPOS, 2007) , com o consequente colapso das actividades agrícolas na região, mas por outro lado, a inércia produtiva, o enorme investimento em infra-estruturas agro-industriais e os benefícios sociais daí decorrentes, formam um dique muito sólido, formam um dique muito sólido que impede, quer as autoridades dos três níveis de governo, quer as próprias organizações existentes, de começarem a tomar as necessárias decisões correctivas e preventivas, apesar de todas as entidades envolvidas, públicas, privadas e associações civis, terem plena consciência de que a viabilidade futura da região está seriamente ameaçada.

[33] CONAGUA e COLPOS. (2007). Plan diretor: union de asociaciones de usuarios de aguas subterránraneas del acuifero de Cuauhtemoc, Chihuahua, S de RL de IP de CV, Comision Nacional del Agua.

[34] CONAGUA e COLPOS. (2007). Plan diretor: union de asociaciones de usuarios de aguas subterránraneas del acuifero de Cuauhtemoc, Chihuahua, S de RL de IP de CV, Comision Nacional del Agua.

IV. MATERIAIS E MÉTODOS

4.1 Localização da área de estudo

O município de Cuauhtemoc, Chihuahua, está localizado na zona central do estado, a 28° 25' 00" de latitude e 106° 52' 00" de longitude do Meridiano de Grengwich, a uma altitude de 2.010 metros acima do nível do mar. Limita-se a norte com o município de Namiquipa, a leste com Rivapalacio, a sul com Gran Morelos e Cusihuiriachi e a oeste com Bachiniva. O seu clima pode variar de semi-húmido a temperado, com uma temperatura média anual de 14 °C. A temperatura máxima atinge 37,7° e a mínima é de -14,6°C. [35]Tem uma pluviosidade média anual de 66 dias com uma humidade relativa de 65% e uma precipitação anual de 439 mm e o seu vento dominante é de sudoeste (Mata, 2004) .

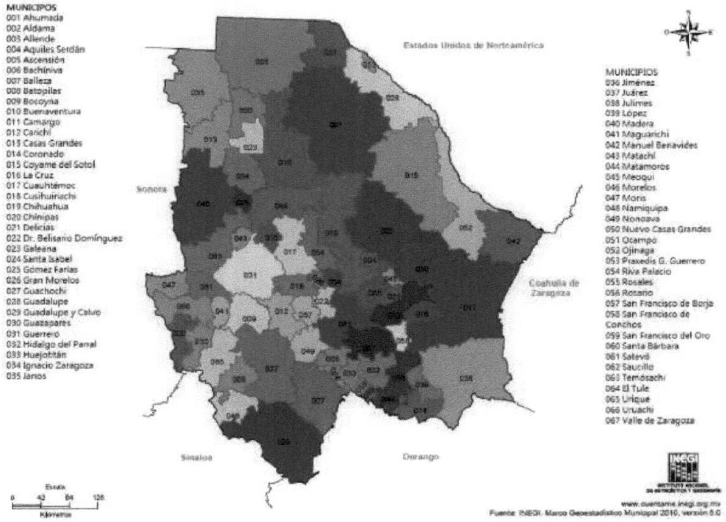

Fig. 2: Localização geográfica do município de Cuauhtemoc, Chihuahua. Fonte: INEGI (2010)[36]

4.2 Fontes de informação

Foram utilizadas as informações sobre os custos de produção por hectare dos produtores de maçãs de baixa (BT), média (MT) e alta

[35] Mata, E., O. A. 2004. Dinâmica populacional e manejo biológico de nematóides associados à macieira (Pyrus malus L.) em duas localidades de Cuauhtemoc, Chihuahua. Tese de Bacharelato. Universidad Autonoma Agraria "Antonio Narro" Divisão de Agronomia. Buenavista, Saltillo, Coahuila. México. março de 2004.

(AT) tecnologia fornecidas pela UNIFRUT, com sede em Cuauhtemoc, Chihuahua. [36]Os custos fornecidos pela UNIFRU contêm também a estrutura de preços média anual (avaliada a preços de mercado - preços no produtor - preços à saída da exploração) por tonelada a que o INEGI vendeu. 2010. Quadro Geoestatístico Municipal 2010, versão 5.0.

Os produtores de BT, MT e AT, bem como o número de dias de trabalho investidos por hectare em cada item do componente de custo, bem como o rendimento físico por hectare para AT e BT, apenas para os produtores de MT foram considerados os rendimentos físicos e os preços médios anuais (avaliados a preços de mercado - preços do produtor à exploração) registados pelo SIAP. Com base na taxa de câmbio peso-dólar mexicano emitida pelo Banco do México a 14 de abril de 2015, às 1256 horas, de $15,365 pesos por dólar, foram determinadas todas as variáveis monetárias.

O rendimento monetário "RM" ou receita por hectare (resultante da multiplicação do rendimento físico por hectare pelo preço por tonelada), em dólares americanos, é subtraído do custo por hectare "C" e obtém-se o lucro por hectare. A rentabilidade da cultura é então determinada através da fórmula do rácio benefício-custo "BR/C", ou seja: BR/C = RM/C.

[3-1]O volume "V" de água utilizado num hectare é o volume indicado pela UNIFRUT no cálculo dos custos de produção por hectare, igual a 11.000 m ha , que é a quantidade de metros cúbicos que deve ser irrigada por hectare de maçã vermelha a nível comercial.

Um emprego foi definido como o equivalente ao número de dias de trabalho que um ser humano médio trabalha num ano em condições médias. Assim, partiu-se do princípio de que uma pessoa trabalhava um dia por dia (um dia corresponde a oito horas de trabalho) durante seis dias por semana, durante 48 semanas por ano, ou seja, 6 dias por 48 semanas = 288 dias = 1 emprego.

4.3Variáveis avaliadas e modelos matemáticos utilizados

1) De produtividade da terra, de domínio geral:

a) Rendimento físico "RF", medido em toneladas hectare-1, determinada pela equação:

Quantidade de produto físico

RF =

hectare

b) Rendimento por hectare, também designado por rendimento monetário "RM", medido em US$, determinado pela equação:

$$RM = \frac{RF * p}{una\ ha}$$

-1Onde *p* = preço tonelada, em US$

c) Lucro por hectare "g", medido em US$, determinado pela equação:

$$g = \frac{RM - c}{una\ ha}$$

Onde "c" é o custo por ha em US$.

2) Produtividade da água:

a) -3Kg m . Determinado pela equação

$$kg\,m^{-3} = \frac{RF}{V} = \frac{RF}{10{,}000LR} = 0.0001RF(LR)^{-1}$$

3Onde "V" é o volume de água utilizado por hectare (em m), equivalente ao produto da taxa de irrigação "LR" por 10.000 m2.

b) 3-1m kg . Determinado pela equação

$$m^3\,kg^{-1} = \frac{V}{RF} = \frac{10{,}000LR}{RF} = 10{,}000LR(RF)^{-1}$$

c) 3US$ ganho hm . Determinado pela equação

$$^{-3} = 1{,}000{,}000\frac{g}{V}$$

US$ de lucro

d) 3Emprego hm . Determinado pela equação

$$hm^3 = 1{,}000{,}000 * \left(\frac{J/288}{V}\right) = \frac{31250}{9}JV^{-1}$$

Ernpleosge neradospor hm

Sendo "J" o número de dias de trabalho por ha e 288 o número de dias de trabalho de um trabalhador num ano, à razão de 6 dias de trabalho por semana durante 48 semanas por ano.

e) 3Preço da água por m (em US$). Determinado pela equação

$$\text{Precio del agua por } m^3 = \frac{Cagua}{V}$$

Preço da água por m

Onde "Cagua" é o custo do item "Custo da água" dentro do Custo total por ha.

3) Produtividade do capital:

a) Rácio benefício-custo "RB/C". Determinado pelo Equação

$$RB/C = \frac{RM}{c}$$

b) Taxa de ganho "Tg". Determinada pela equação

$$Tg = \frac{g}{c} * 100$$

c) produtividade social do capital "E MUSD" (empregos gerados por milhão de dólares investidos na produção). Determinada pela equação

$$E\ MUSD = \frac{31250}{9}\left(\frac{J}{c}\right)$$

(b) Ponto de equilíbrio "EP". Determinado pela equação

$$PE = \frac{c}{p}$$

4) Produtividade do trabalho:

b) $^{-1}$tonelada-hora , determinada pela equação

$$h\ ton^{-1} = \frac{J*8}{RF}$$

c) $^{-1}$kg h , determinada pela equação

$$kg\ h^{-1} = \frac{1000RF}{J*8} = 125\frac{RF}{J}$$

d) US$ de lucro por dia de trabalho, determinado por a equação

$$US\$\ por\ dia = \frac{g}{J}$$

e) US$ lucro por hora de trabalho, determinado pela equação

$$Lucro\ em\ USD\ por\ hora = \frac{g}{J*8}$$

V. RESULTADOS E DISCUSSÃO

[39]5.1 A fruticultura no estado de Chihuahua, suas características

A Union Agricola Regional de Fruticultores del Estado de Chihuahua (UNIFRUT), a fonte dos dados sobre os custos para este estudo, assim como o número de trabalhadores diaristas por hectare, foi fundada em 1965 e é atualmente constituída por 17 associações. A UNIFRUT reúne os fruticultores de Chihuahua, sendo a macieira a mais importante, embora existam pequenas áreas, quase marginais, de outras árvores de fruto, como o pistácio. As 17 associações que compõem a UNIFRUT são as seguintes

1. Associação de Fruticultores de Alvaro Obregon
2. Associação de Fruticultores de Bachiniva
3. Associação de Fruticultores de Basuchil
4. Associação dos Fruticultores de Carchi
5. Associação de Fruticultores de Coyachi
6. Associações de Fruticultores de Cuauhtemoc
7. Associação de Fruticultores de Cusihuiriachi
8. Associação de Fruticultores de Guerrero
9. Associação de Fruticultores de Ignacio Zaragoza
10. Associação de Fruticultores de Las Cruces Namiquipa
11. Associação de Fruticultores de La junta
12. Associação de Fruticultores de Matachi
13. Associação de Fruticultores de Maguarichi
14. Associação de Fruticultores de Namiquipa
15. Associação de Fruticultores de Nvo. Casas Grandes
16. Associação de Fruticultores de Temechi
17. Associação de Fruticultores de Yepomera

A região produtora de maçã está localizada no noroeste do Estado de Chihuahua e é a mais importante a nível nacional, uma vez que a produção desta região é de 19,0 milhões de caixas por ano, o equivalente a 78% da produção nacional. É constituída por cerca

[39] As informações contidas nesta secção foram obtidas através de uma entrevista direta com a direção de crédito da UNIFRUT em Cuauhtemoc, Chihuahua.

de 2.500 produtores, com uma superfície de 30.000 hectares de cultivo de macieiras em diferentes estádios de desenvolvimento.

Ou seja, no Estado de Chihuahua produz-se uma média de 380.000 toneladas por ano, das quais 70% se destinam ao consumo in natura e 30% à indústria. O benefício económico da cultura da macieira é de grande importância, uma vez que são empregados 8 milhões de trabalhadores diários por ano.

Atualmente, a União Agrícola Regional de Fruticultores do Estado de Chihuahua conta com cerca de 2.500 produtores de maçã. Destes, 55% têm um nível tecnológico médio. Distinguem-se pelas seguintes características:

- Não têm acesso à tecnologia mais recente e, se têm acesso, não sabem como a utilizar da forma mais adequada para obter os melhores benefícios.
- A assistência técnica está disponível, embora na maioria dos casos não seja especializada.
- Têm um pacote tecnológico, mas quase nunca o aplicam.
- Têm sistemas de rega por microaspersão e muito poucos têm sistemas de rega mais avançados, como a rega gota-a-gota. Não dispõem de re-bombeamento; portanto, os intervalos de irrigação são muito longos e os sistemas de irrigação são operados de forma empírica.
- Os métodos de controlo da geada são frequentemente deficientes; por conseguinte, podem ocorrer danos devido a deficiências no controlo da geada.
- Por conseguinte, têm rendimentos médios que variam entre 15,0 e um máximo de 25,0 toneladas por hectare.
- A qualidade das maçãs é média a baixa, pelo que têm dificuldade em comercializar o produto.
- Uma percentagem muito baixa da produção é valorizada (embalagem).
- Raramente são dignos de crédito, uma vez que não têm um bom historial de crédito e não dispõem de garantias suficientes.
- O rácio benefício-custo para estes produtores é de 1:2, ou seja, por cada peso investido, recuperam dois. O custo de produção por hectare varia entre $66.000 pesos e os rendimentos por hectare

variam entre 30,0 toneladas por hectare. Em média, o custo de produção de um quilograma de maçãs é de $2,20 pesos.

- Para este tipo de produtores, podemos sujeitá-los aos créditos Refaccionarios e Avfo, desde que tenham o apoio técnico de um assessor.

31% estão a produzir a um nível tecnológico baixo, que se distingue pelas seguintes características

- Não dispõem de assistência técnica devido à falta de recursos económicos e de rentabilidade das unidades de produção.
- Não têm capacidade de crédito e, por conseguinte, é quase impossível ter acesso às tecnologias de produção de macieiras.
- Pela mesma razão, não dispõem de um Pacote Tecnológico e, mesmo que em alguns casos o tivessem, seria impossível realizá-lo devido à falta de ferramentas adequadas.
- Não dispõem de sistemas de proteção contra as intempéries, como o granizo e as geadas. Por conseguinte, os rendimentos são muito baixos, variando entre 6,0 e um máximo de 15 toneladas por hectare.
- As produções tendem a ser de baixa qualidade; por conseguinte, os preços de mercado dos seus produtos são frequentemente muito baixos.
- O rácio benefício-custo para este tipo de produtor é de 1:0,50, ou seja, por cada peso investido, obtêm-se 50 cêntimos. O custo de produção por hectare varia entre $31.000 pesos e os rendimentos estão entre 11,0 toneladas por hectare. Em média, o custo de produção por quilograma de maçãs é de cerca de $2,80 pesos.
- Este tipo de produtor pode ser levado à tecnologia média com um bom planeamento, utilizando o financiamento como principal ferramenta.

E apenas 14% dos produtores estão a produzir a um nível tecnológico elevado e são caracterizados pelas seguintes condições:

Dispõem de tecnologia de ponta e sabem como utilizá-la em seu benefício.

Dispõem de irrigação de alta tecnologia e de re-bombeamento; por conseguinte, os intervalos de irrigação não são tão longos.

Dispõem de assistência técnica especializada.
Dispõe de um pacote tecnológico e, normalmente, cumpre-o.
Por conseguinte, têm rendimentos elevados de qualidade muito elevada. O rendimento deste grupo de produtores é de cerca de 60 toneladas por hectare ou mais. Os seus produtos são muito bem aceites nos mercados; normalmente dão-lhes valor acrescentado (triagem, embalagem, industrialização). Os seus pomares estão protegidos contra as intempéries, como o granizo. Tem um bom controlo das geadas, pois dispõe de tecnologia adequada, tais como: ventiladores, aquecedores, aquecimento central e rega pressurizada, concebidos para o controlo das geadas.
Dispõem da maquinaria e do equipamento necessários para realizar eficazmente o trabalho no campo (tractores, fumigadores, desfolhadores, trituradores e outras alfaias agrícolas). Este tipo de produtor possui as garantias necessárias para ser objeto de crédito. Por terem uma boa solvência económica e moral e por terem uma boa gestão empresarial, dispõem de garantias e de taxas preferenciais.
O rácio benefício-custo destes produtores é muito elevado; investem 1 peso e recebem 3. O custo de produção por hectare é de cerca de 98.000 dólares. O rendimento médio é de 60 toneladas ou mais. Em média, o custo de produção de um quilograma de maçãs é de $1,64 pesos. Este tipo de produtor, apesar de ser pouco numeroso, é bem adequado para lhes conceder qualquer tipo de crédito.

5.2 Importância da produção de maçã (*Malus domestica*) em Cuauhtemoc, Chihuahua, no contexto nacional.

A produção de maçã em 2013 gerou um valor nacional de cerca de $4.265,3 milhões de pesos (equivalente a US$277,6 milhões).6 milhões), participando na criação deste fluxo económico um total de 23 estados, dentro dos quais se destacou o estado de Chihuahua, por ser o principal contribuinte, contribuindo com quase 76% do valor de produção da fruta a nível nacional, e muito especificamente, o DDR de Cuauhtemoc, Chihuahua, gerou por si só um pouco mais de um quarto (25.96%) do rendimento monetário nacional produzido pela cultura da maçã, o segundo estado líder foi

Durango, que produziu $9.33 por cada 100 dólares produzidos pela cultura no país, o terceiro lugar corresponde ao estado de Coahuila, com 6,48% do valor da produção nacional, embora deva ser mencionado que, em termos da proporção da superfície nacional destinada a esta cultura, de acordo com o Quadro 2, Chihuahua produz 4/5 do volume físico nacional de maçãs, e os restantes 20% são produzidos pelos restantes 22 estados, dentro dos quais Durango e Coahuila produzem em conjunto 12.3% (com 7,64 e 4,66%, respetivamente), pelo que a quota dos restantes estados é meramente marginal na produção nacional.

A importância relativa da RDA Cuauhtemoc na produção nacional de maçãs vermelhas é dada pelas suas percentagens de participação (apresentadas no Quadro 2) na área colhida, na produção e no VBP nacional, uma vez que, por si só, a RDA Cuauhtemoc é o maior produtor de maçãs vermelhas do país.

A DDR Cuauhtemoc participa com 13,13%, 20,1% e 24,95% da área colhida, produção física e valor da produção nacional de maçã.

Quadro 2: Importância relativa do Estado de Chihuahua e de Cuauhtemoc, Chihuahua, na economia nacional de produção de maçãs

Estado	Área colhida		Produção anual		Valor bruto da produção		
	ha	% em relação ao nível nacional	Tonelada	% em relação ao nível nacional	Milhões de pesos	USD$ em milhões	% em relação ao nível nacional
Aguascalientes	48,0	0,08	376,6	0,04	$ 3,84	$ 0,25	0,09
Baixa Califórnia	4,0	0,01	39,0	0,00	$ 0,23	$ 0,02	0,01
Chiapas	1.015,5	1,72	3.514,6	0,41	$ 27,39	$ 1,78	0,64
Chihuahua	26.882,1	45,41	684.669,9	79,74	$ 3.238,48	$ 210,77	75,93
Cuauhtemoc	7.770,00	13,13	172.593,00	20,10	$ 1.106,77	$ 72,03	25,95
% em relação à Chihuahua	28,90		25,21		34,18	34,18	
Coahuila	7.018,00	11,85	39.969,64	4,66	$ 276,38	$ 17,99	6,48
Distrito Federal	113,50	0,19	715,55	0,08	$ 7,88	$ 0,51	0,18
Durango	9.763,00	16,49	65.596,36	7,64	$ 397,78	$ 25,89	9,33
Guanajuato	21,00	0,04	42,00	0,00	$ 0,20	$ 0,01	0,00
Guerrero	40,50	0,07	156,48	0,02	$ 0,92	$ 0,06	0,02
Hidalgo	866,50	1,46	3.688,92	0,43	$ 31,56	$ 2,05	0,74
Jalisco	22,50	0,04	110,15	0,01	$ 1,48	$ 0,10	0,03
Michoacan	143,00	0,24	1.030,72	0,12	$ 5,60	$ 0,36	0,13
Morelos	6,00	0,01	72,00	0,01	$ 0,60	$ 0,04	0,01
México	143,10	0,24	827,96	0,10	$ 4,99	$ 0,32	0,12
Nuevo Leon	1.197,60	2,02	3.852,74	0,45	$ 39,08	$ 2,54	0,92
Oaxaca	556,25	0,94	1.789,58	0,21	$ 8,40	$ 0,55	0,20
Puebla	8.571,98	14,48	35.857,30	4,18	$ 141,55	$ 9,21	3,32
Querétaro	575,50	0,97	1.065,60	0,12	$ 4,61	$ 0,30	0,11
San Luis Potosi	20,00	0,03	152,50	0,02	$ 1,14	$ 0,07	0,03
Sonora	160,69	0,27	1.307,38	0,15	$ 5,88	$ 0,38	0,14

Tlaxcala	14,00	0,02	119,50	0,01	$ 1,24	$ 0,08	0,03
Veracruz	824,50	1,39	6.857,96	0,80	$ 20,18	$ 1,31	0,47
Zacatecas	1.191,70	2,01	6.795,47	0,79	$ 45,88	$ 2,99	1,08
Nacional	**59.198,9**	**100,00**	**858.607,9**	**100,00**	**4.265,3**	**277,6**	**100,00**

Fonte: Elaboração própria, com base em dados do Sistema de Información Agroalimentaria y Pesquera (SIAP).

A Tabela 3 mostra os preços e os rendimentos físicos e monetários por hectare para os 23 estados, e o concentrado nacional, para a produção de maçã vermelha, a DDR Cuauhtemoc está marcada em vermelho.

Quadro 3: Posição de Cuauhtemoc, Chihuahua, em termos de rendimento e preço no contexto nacional da produção de maçãs vermelhas.

Estado	-1 Rendimento físico (ton ha)	Preço (USD$) tonelada-	-1 Rendimento monetário (USD$ ha)	Desempenho físico nacional =1	Preço no mercado interno =1	Rendimento monetário por ha nacional =1
Aguascalientes	7,85	$ 662,9	$ 5.201	0,54	2,05	1,11
Baixa Califórnia	9,75	$ 388,5	$ 3.788	0,67	1,20	0,81
Chiapas	3,46	$ 507,1	$ 1.755	0,24	1,57	0,37
Chihuahua	25,47	$ 307,8	$ 7.841	1,76	0,95	1,67
Cuauhtemoc	22,21	$ 417,4	$ 9.271	1,53	1,29	1,98
% em relação à Chihuahua	87,2	135,6	118,2			
Coahuila	5,70	$ 450,0	$ 2.563	0,39	1,39	0,55
Distrito Federal	6,30	$ 716,6	$ 4.518	0,43	2,22	0,96
Durango	6,72	$ 394,7	$ 2.652	0,46	1,22	0,57
Guanajuato	2,00	$ 312,4	$ 625	0,14	0,97	0,13
Guerrero	3,86	$ 383,1	$ 1.480	0,27	1,18	0,32
Hidalgo	4,26	$ 556,8	$ 2.370	0,29	1,72	0,51
Jalisco	4,90	$ 871,9	$ 4.268	0,34	2,70	0,91
Michoacan	7,21	$ 353,4	$ 2.547	0,50	1,09	0,54
Morelos	12,00	$ 544,0	$ 6.528	0,83	1,68	1,39
México	5,79	$ 392,5	$ 2.271	0,40	1,21	0,48
Nuevo Leon	3,22	$ 660,2	$ 2.124	0,22	2,04	0,45
Oaxaca	3,22	$ 305,6	$ 983	0,22	0,95	0,21
Puebla	4,18	$ 256,9	$ 1.075	0,29	0,79	0,23
Querétaro	1,85	$ 281,5	$ 521	0,13	0,87	0,11
San Luis Potosi	7,63	$ 486,2	$ 3.708	0,53	1,50	0,79
Sonora	8,14	$ 292,9	$ 2.383	0,56	0,91	0,51
Tlaxcala	8,54	$ 672,8	$ 5.742	0,59	2,08	1,22
Veracruz	8,32	$ 191,5	$ 1.593	0,57	0,59	0,34
Zacatecas	5,70	$ 439,4	$ 2.506	0,39	1,36	0,53
Nacional	14,50	$ 323,3	$ 4.689	1,00	1,00	1,00

Fonte: Elaboração própria, com base em Tabela 2. Taxa de câmbio: 14 de abril de 2015 às 1256 horas USD$. $15,365 pesos mexicanos por

-1A partir desta fonte, observa-se que as médias nacionais para os rendimentos físicos e monetários, bem como para os preços a nível nacional, foram da ordem de 14,50 ton ha , US$ 323.-1 -15 ton. em termos de preço e US$4.689 de rendimento monetário por ha, e quando desagregadas para o estado de Chihuahua verificou-se que com 25,47 ton. ha^{-1} , teve o maior rendimento físico, mas não o maior preço, pois com seus US$417,4 ton. embora estivesse acima do preço médio nacional (US$323.3) ficou abaixo dos preços das maçãs produzidas por estados como Aguascalientes, Chiapas, Coahuila, Distrito Federal, Hidalgo, Jalisco, Morelos, Nuevo Leon, San Luis Potosi, Tlaxcala e Zacatecas, e embora o preço não tenha sido "bom" em relação a outros estados, mas acima da média nacional, conseguiu compensar o efeito indesejável no rendimento por hectare com o seu elevado rendimento físico, uma vez que o estado de Chihuahua, com 7.841 dólares, teve o maior rendimento monetário por hectare, muito superior aos outros estados e 67% superior à média nacional.

Por seu lado, a DDR Cuauhtemoc, teve um rendimento monetário não só acima da média nacional, mas também acima da média estadual, uma vez que o ha médio de maçãs em Cuauhtemoc gerou 9.271 dólares de rendimento, quase o dobro, 98% acima, da média nacional, e isto foi conseguido porque Cuauhtemoc teve um rendimento físico 53% superior à média nacional, bem como um preço 29% acima da média nacional, embora, insiste-se, noutros estados o preço fosse mais elevado (Quadro 3).

Dos restantes produtores de maçã do país, os estados de Morelos e Tlaxcala destacam-se em termos de rendimento monetário por hectare, com 6 258 dólares e 5 742 dólares, respetivamente, embora a sua contribuição para a produção nacional seja meramente marginal, como já foi referido, mas é de notar que o seu elevado rendimento monetário não se deve ao seu rendimento físico, que é muito baixo em relação ao de Chihuahua ou Cuauhtemoc, que são elevados, que é muito baixo em relação ao de Chihuahua ou Cuauhtemoc, que são elevados, mas deve-se ao preço elevado, mais elevado em ambos os estados do que o preço médio de Chihuahua, ou seja, em Chihuahua, a produtividade monetária por ha deve-se à sua produtividade física, enquanto em Morelos e Tlaxcala se deve ao preço local, mais elevado do que os preços nacionais e de Chihuahua (quadro 3).

O quadro 4 retoma os valores das principais variáveis macroeconómicas da produção de maçã em Cuauhtemoc, como a

superfície colhida, a produção física anual, o VBP, o rendimento físico, os preços e o rendimento por hectare, já analisados nos parágrafos anteriores, mas agora estas variáveis estão ligadas a outras variáveis interdependentes, como os preços e o rendimento por hectare (que, por sua vez, dependem precisamente da superfície, da produção, do valor e do preço), bem como a outras variáveis independentes, como os custos e salários por hectare e os volumes de água utilizados na produção, produção, valor e preço), bem como de outras variáveis independentes, como os custos e salários por ha e os volumes de água utilizados na produção, podendo assim obter-se novas variáveis económicas, como o lucro por ha, o emprego gerado e, sobretudo, a produtividade da água e do capital.
A Tabela 4 mostra uma notória diferença entre os produtores com baixo, médio e alto uso de tecnologia na produção, pois algumas variáveis, como o rendimento físico, caracterizam-se pelo fato de que enquanto um hectare de maçã, em um produtor com baixa tecnologia, rende em média 10 toneladas, enquanto no médio gera 22,21 e no alto uso de tecnologia esse mesmo hectare de maçã produz 35 toneladas, juntamente com preços diferenciados de US$280.$^{-1-1}$6, US$382,6 e US$417,4 ton , respetivamente para os produtores de baixo, médio e alto uso de tecnologia, significou que enquanto um produtor de baixo uso de tecnologia gerou uma renda de US$2.806 por ha, um produtor de médio produziu US$8.498 e um produtor de alto uso de tecnologia produziu US$14.607 ha , ou seja, de acordo com os números índices do lado direito da Tabela 4, um produtor de baixo uso de tecnologia gera uma renda equivalente a apenas 33% da produzida pelo médio produtor, e um produtor de alto uso de tecnologia gera uma renda equivalente a apenas 33% da produzida pelo médio produtor, enquanto um produtor de alto uso de tecnologia gera uma renda equivalente à do médio produtor.

O produtor de alta tecnologia gera um rendimento equivalente a apenas 33% do produzido pelo produtor médio, enquanto o produtor de alta tecnologia gera um rendimento equivalente ao do produtor médio.

Tabela 4: Área, produção, valor da produção, rendimento, custos, rentabilidade, água utilizada e emprego em produtores de maçã (*Malus domestica*) de baixa, média e alta tecnologia em Cuauhtemoc, Chihuahua, México, no ciclo agrícola de 2013.

Variável macroeconómica	A) Produtores de baixa tecnologia	B) Produtores de alta tecnologia	C) Produtores de nível tecnológico médio	A/C	B/C
Área colhida (ha)	nenhum dado	nenhum dado	7.770,00		
Produção física anual (toneladas)	nenhum dado	nenhum dado	172.593,00		
VBP (Milhões de USD)	nenhum dado	nenhum dado	$ 72,03		
Tonelada/ha	10,00	35	22,21	0,45	1,58
Preço (USD) tonelada^{-1}	$ 280,6	417,4	382,6	0,73	1,09
Rendimento (USD) ha^{-1}	$ 2.806	$ 14.607	$ 8.498	0,33	1,72
Custo (USD)ha^{-1}	$ 1.878	$ 7.851	$ 5.366	0,35	1,46
Custo (USD) kg^{-1}	$ 0,19	$ 0,22	$ 0,24	0,78	0,93
Lucro (USD) ha^{-1}	$ 928	$ 6.757	$ 3.132	0,30	2,16
Ganho (USD) kg^{-1}	$ 0,09	$ 0,19	$ 0,14	0,66	1,37
Rácio benefício/custo	1,494	1,861	1,584	0,94	1,17
# Número de salários diários/ha (directos)	89			1,44	1,16
Kg de maçãs por dia	112,4	486,1	358,3	0,31	1,36
Ganho monetário/dia	$ 10,4	$ 93,8	$ 50,5	0,21	1,86
Folha de irrigação líquida (m)	1,10	1,10	1,10		
^{3}Volume de água utilizado/ha (em m)	11.000	11.000	11.000		
^{3}Volume de água utilizado em toda a área colhida (em hm3 =1 milhão de m = 1000 milhões de L)	Sd	Sd	85,47		
Ganho monetário total (Milhões de USD$)	Sd	Sd	$ 24,34		
Total de salários diários por ano	Sd	Sd	481.740		
Número de empregos permanentes/ano (1 emprego permanente = 6 dias/semana durante 48 semanas/ano)	Sd	Sd	1.673		
Investimento de capital (Milhões de USD$)	Sd	Sd	$ 41,69		

Fonte: Elaboração própria, com base nos valores do SIAP para a área colhida, a produção física anual e o VBP, e no Quadro 6.

$^{-1}$A geração de renda por ha é, por si só, importante, mas mais importante é a geração de lucro, pois a Tabela 4 mostra que o lucro por ha foi da ordem de 928, 6.757 e US$ 3.132, respetivamente, para os agricultores de baixo, alto e médio uso de tecnologia. Em relação ao produtor médio, determinou-se que um produtor de baixo uso de tecnologia estava 70% abaixo do produtor médio (o índice do lado direito da Tabela 4 era 0,30), enquanto o produtor de alto uso de tecnologia estava 116% acima (o indicador era 2,36). A Relação Benefício-Custo (RB/C) apresentada na Tabela 4 indica que nos três perfis tecnológicos da produção de maçãs de Cuauhtemoc foi possível recuperar o investimento e também obter excedentes. Os que apresentaram a menor RB/C foram os produtores de baixo nível tecnológico, nos quais o indicador foi igual a 1,494, os intermediários tiveram uma RB/C de 1,584, enquanto os de alto uso de tecnologia apresentaram um indicador de 1,861, o que indica que conseguiram recuperar cada dólar investido na produção e, além disso, obtiveram um lucro de 49,4, 58,4 e 86,1 centavos para cada dólar investido.

[40]Em relação ao segundo estado produtor de maçã, o estado de Durango, especificamente a região de Canatlan, de acordo com Barrientos (2015) , em 2013, os indicadores do RB / C dos produtores de baixo e alto nível tecnológico naquele local, foram 1,76 versus 1.972, valores dentro dos quais os produtores de alta tecnologia de Cuauhtemoc estão localizados, mas que excedem a rentabilidade dos produtores de baixa e média tecnologia, a causa disso está nos custos de produção, Enquanto um produtor protótipo de alta tecnologia de Cuauhtemoc, Chihuahua, teve um custo por hectare da ordem de US$ 7.851, os de alta tecnologia de Canatlan, Durango, tiveram um custo por hectare da ordem de US$ 2.987.Isto é 2,63 vezes mais caro em Cuauhtemoc do que em Canatlan, e isto deve-se ao facto de os utilizadores de "alta" tecnologia em Canatlan tenderem, na realidade, a assemelhar-se aos produtores pobres de Cuauhtemoc, ou seja, o grau de tecnologia é muito mais elevado em Chihuahua do que em Durango.

[41]Em relação à mesma cultura de maçã, no mesmo estado de Chihuahua, e níveis semelhantes de tecnologia, mas com dados de rentabilidade para o período 2001-2002, Ramkez et al (2006) , indicam que os índices de rentabilidade para produtores com alto, médio e baixo uso de tecnologia foram 2,38, 1,86 e 1.37, enquanto a Tabela 4 deste estudo, para o ano de 2013, indica que esses

---

[40] Barrientos, D. L. Isabel, (2015). Produtividade da água, solo, capital e trabalho no cultivo de maçã (*Malus domestica*) em Canatlan, Durango, México. Tese de licenciatura. Universidad Autonoma Chapingo, Unidad Regional Universitaria de Zonas Aridas, Bermejillo, Durango, México. Ver Quadro 5, página 30.

[41] Ramirez-Legarreta, M. R., Jacobo-Cuellar, J. L., Avila-Marioni, M. R., & Parra-Quezada, R. A. (2006). Perdas de colheita, eficiência de produção e rentabilidade de pomares de macieiras com diferentes graus de tecnificação em Chihuahua, México. *Revista Fitotecnia Mexicana*, *29*(3), 215-222.

indicadores de rentabilidade foram da ordem de 1,861, 1,584 e 1,494 respetivamente, o que indicaria que no intervalo de tempo de 2001-2002 a 2013, enquanto os produtores de alto e médio uso de tecnologia perderam rentabilidade, os de baixo uso tecnológico a aumentaram.

A razão pela qual os agricultores com alta e média utilização de tecnologia diminuíram a sua rendibilidade entre 2002 e 2013, enquanto os agricultores com baixa utilização de tecnologia aumentaram a sua rendibilidade deveu-se a três causas: as duas primeiras são o rendimento físico por hectare e o preço (fontes de rendimento por hectare, que resulta da multiplicação do rendimento físico pelo preço), a terceira causa foram os custos de produção por hectare. Assim, o quadro 5 mostra que entre os produtores com alta (HT) e média (MT) utilização de tecnologia, enquanto o rendimento por hectare foi multiplicado por 1,97 e 1,94 vezes, os custos por hectare foram multiplicados por 2,52 e 2,29 vezes, respetivamente. Ou seja, apesar de ambos os tipos de produtores (AT e MT) terem aumentado as suas produções e preços, aumentando assim o seu rendimento por hectare, os respectivos aumentos dos seus custos, numa percentagem superior à percentagem em que aumentaram os seus rendimentos, fizeram com que perdessem rentabilidade.

Tabela 5: Comparação dos índices de rentabilidade por hectare entre 2002 e 2013 da cultura da maçã em Cuauhtemoc, Chihuahua, entre produtores com alta (AT), média (MT) e baixa (BT) utilização de tecnologia. Valores monetários em pesos nominais.

Perfil tecnológico	Variável	A)2002	B) 2013	B/A
AT	(a) kg por ha	32.584,0	35.000,0	1,07
	(b) Preço por kg	$3 ,50	$6 ,41	1,83
	(c) Rendimento por hectare	$ 114.044	$ 224.467	1,97
	(d) Custo por hectare	$ 47.964	$ 120.631	2,52
	rácio de rendibilidade=c/d	**2,38**	**1,86**	
MT	(a) kg por ha	19.236,0	22.210,0	1,15
	(b) Preço por kg	$ 3,50	$5 ,88	1,68
	(c) Rendimento por hectare	$ 67.326	$ 130.565	1,94
	(d) Custo por hectare	$ 35.949	$ 82.400	2,29
	rácio de rendibilidade=c/d	**1,86**	**1,58**	
BT	(a) kg por ha	9.440,0	10.000,0	1,06
	(b) Preço por kg	$ 3,50	$4 ,31	1,23
	(c) Rendimento por hectare	$ 33.040	$ 43.114	1,30
	(d) Custo por hectare	$ 23.486	$ 28.855	1,23
	rácio de rendibilidade=c/d	**1,37**	**1,49**	

Fonte: Elaboração própria, com base na Tabela 5 de Ramfrez *et al* (2006)

para o ano de 2002, e conversão para pesos mexicanos do custo por hectare registado na nossa Tabela 4, considerando a taxa de câmbio de $15,365 pesos mexicanos por USD em 14 de abril de 2015 para o dólar interbancário do Banco do México.

A razão é, de facto, simples: o aumento do custo da energia, da qual estes dois tipos de produção dependem fortemente para a bombagem, mas não os produtores de BT, entre os quais o rendimento por hectare aumentou 30% (o indicador no quadro 5 é 1.30), enquanto o custo aumentou apenas 23%, a causa é a mesma que para os produtores de BT e de MT, só que, para estes, funcionou no sentido inverso, pois, ao não dependerem tanto da eletricidade para a bombagem, uma vez que utilizam a água da chuva, teve como efeito aumentar a sua rentabilidade.
A produtividade social do trabalho, em termos físicos, caracterizou-se pelo facto de um mesmo dia de trabalho produzir quantidades diferentes de produto, de tal forma que, nos produtores pobres, um dia de trabalho representou 112,4 kg de maçãs, enquanto o produtor médio produziu no mesmo tempo 358,3 kg, enquanto o produtor com uma base tecnológica alargada produziu 486,1 kg. Isto sugere que um produtor altamente tecnificado produz 36% mais maçãs do que o produtor médio, enquanto o produtor pouco tecnificado produz menos de um terço (31%) mais maçãs do que o produtor medianamente tecnificado (Quadro 4). [3]Com a mesma lâmina de irrigação, 1,1 m, a necessidade de água por ha foi semelhante para os três tipos de agricultores: 11.000 m (Tabela 4).
O quadro 6 regista os custos por ha para cada um dos três perfis técnicos de produção, ou seja, produtores de baixa, média e alta tecnologia utilizados na produção de maçãs.

Tabela 6: Custos de produção por ha no cultivo de maçã vermelha (*Malus domestica*) em Cuauhtemoc, Chihuahua, em produtores com baixo, médio e alto uso de tecnologia.

ELEMENTO DE CUSTO	Nível tecnológico						% em relação ao custo total		
	Custo por ha em MX$			Custo por ha em US$					
	Abaixo de	Elevado	Médio	Abaixo de	Elevado	Médio	Abaixo de	Elevado	Médio
Rastreio do solo e rodapés	1.400,0			91,1			4,9	0	0
Poda de inverno (árvores)	3.000,0	4.000,0	4.000,0	195,2	260,3	260,3	10,4	3,3	4,9
Limpeza de podas (salário diário)	300,0	280,0	280,0	19,5	18,2	18,2	1,0	0,2	0,3
Análise do solo e foliar	400,0	45,0	45,0	26,0	2,9	2,9	1,4	0,0	0,1
Óleo de inverno (Lts)	600,0	858,0	858,0	39,0	55,8	55,8	2,1	0,7	1,0
Compensador de frio (litros)		1.794,0	1.794,0		116,8	116,8	0,0	1,5	2,2
Fertilização foliar (K,Zn,B)	350,0	5.206,6	4.788,9	22,8	338,9	311,7	1,2	4,3	5,8
Fertilização do solo (N,P,K,Zn,B,Fe,Mg)	1.500,0	7.223,1	5.778,5	97,6	470,1	376,1	5,2	6,0	7,0

Fertilização foliar pós-colheita (N)	150,0	198,3	198,3	9,8	12,9	12,9	0,5	0,2	0,2
Polinização (Aluguer de colmeias)		1.290,0	860,0		84,0	56,0	0,0	1,1	1,0
Comando por botão (com aparelho)	1.590,0	3.864,9	3.864,9	103,5	251,5	251,5	5,5	3,2	4,7
Controlo dos ácaros (Agrimec)		3.992,7	3.992,7		259,9	259,9	0,0	3,3	4,8
Libertação de insectos benéficos		220,0	220,0		14,3	14,3	0,0	0,2	0,3
Controlo da roseta (Russeting)		1.612,0	2.418,0		104,9	157,4	0,0	1,3	2,9
Controlo do fogo bacteriano (Erwinia)	600,0	2.022,7	1.011,3	39,0	131,6	65,8	2,1	1,7	1,2
Controlo do oídio (oídio)	1.000,0	3.345,5	1.672,8	65,1	217,7	108,9	3,5	2,8	2,0
Desbaste / desbaste químico		1.712,5	1.052,5		111,5	68,5	0,0	1,4	1,3
Desbaste manual (árvores)	2.000,0	4.000,0	4.000,0	130,2	260,3	260,3	6,9	3,3	4,9
Cálcio firmeza dos frutos	394,0	1.576,0	1.576,0	25,6	102,6	102,6	1,4	1,3	1,9
Aplicações de cálcio	250,0	1.000,0	800,0	16,3	65,1	52,1	0,9	0,8	1,0
Controlo químico de ervas daninhas		500,0	500,0		32,5	32,5	0,0	0,4	0,6
Controlo mecânico das ervas daninhas	375,0	400,0	300,0	24,4	26,0	19,5	1,3	0,3	0,4
Controlo de ponto vermelho		2.194,7	2.194,7		142,8	142,8	0,0	1,8	2,7
Controlo de queda / fixador antes da colheita		689,0	689,0		44,8	44,8	0,0	0,6	0,8
Trabalhos de fumigação (salário diário)	1.500,0	2.500,0	2.000,0	97,6	162,7	130,2	5,2	2,1	2,4
Energia de irrigação/poço (mês)		3.600,0	3.600,0		234,3	234,3	0,0	3,0	4,4
Recolha (tonelada)	3.500,0	12.250,0	8.750,0	227,8	797,3	569,5	12,1	10,2	10,6
Transporte para o embalador (ton.)	750,0	3.500,0	2.500,0	48,8	227,8	162,7	2,6	2,9	3,0
Defesa contra a geada (lts. Diesel)		33.000,0	7.200,0		2.147,7	468,6	0,0	27,4	8,7
Proteção contra a geada (salários diários)		3.750,0	1.800,0		244,1	117,1	0,0	3,1	2,2
Colocação e remoção de redes (salário diário)		3.000,0	2.700,0	-	195,2	175,7	0,0	2,5	3,3
Trabalhos de rede contra o granizo	1.800,0			117,1			6,2	0,0	0,0
Irrigação - bombagem / aspersão	2.400,0			156,2			8,3	0,0	0,0
Férias, subsídios de Natal e gratificações		2.500,0	2.500,0		162,7	162,7	0,0	2,1	3,0
Impostos sobre o trabalho, serviços médicos, etc.		2.500,0	2.500,0		162,7	162,7	0,0	2,1	3,0
Aconselhamento técnico (anual)		1.000,0	1.000,0		65,1	65,1	0,0	0,8	1,2
SUBTOTAL	$23.859	$115.625	$77.444	$1.553	$ 7.525	$5.040	82,7	95,9	93,9
Seguro agrícola				325,4	325,4	325,4	17,3	4,1	6,1
TOTAL	$28.859	$120.625	$82.444	$1.878	$7.851	$5.366	100,0	100,0	100,0
Taxas diárias por ha	89						0,0	0,0	0,0

Fonte: Elaboração própria, com base nos custos de produção por ha comunicados pela UNIFRUT de Cuauhtemoc, Chihuahua, aos quais se adicionou o custo do seguro agrícola, que a UNIFRUT não tem em conta, uma vez que indica que estes correspondem a uma despesa que o agricultor terá de efetuar por si próprio.

Que de acordo com a fonte dos custos, a empresa UNIFRUT de Chihuahua, Chihuahua, eles foram da ordem de $23.859 (equivalente a US$1.553), $77.444 (equivalente a US$5.040) e $115.625 (equivalente a US$7.525) respetivamente para os produtores de baixo, médio e alto uso de tecnologia, no entanto, foi decidido adicionar $5.000 (equivalente a US$325.4) a cada um, uma vez que a mesma folha de custos fornecida pela UNFRUT indica que não devem ser adicionados $5.000 de seguro agrícola, uma vez que este montante deve ser coberto pelo agricultor, pelo que, no final, este montante deve ser adicionado.

Ash, os custos por hectare aumentam, para cada um dos três tipos de produtores mencionados acima, na mesma ordem, em $28.859 (US$1.878), $82.444 (US$5.366) e $120.625 (US$7.851). É de notar, entre os diferentes itens da componente de custo, que enquanto nos itens de uso de alta e média tecnologia o item "Irrigação/energia do poço" tem um montante, os de baixo uso de tecnologia não têm, o que sugere que na realidade eles dependem tanto da água de irrigação por gravidade das barragens locais como da chuva para realizar a produção, mas não os de uso de média e alta tecnologia, onde a irrigação por bombagem é essencial.

O lado direito do Quadro 6 mostra os itens mais importantes para cada perfil de produção, pelo que se verificou que, num produtor de baixos rendimentos, as cinco principais componentes do custo foram o seguro agrícola 17,3%, a colheita 12,1%, a poda de inverno 10,4%, o custo da rega - bombagem/ rega e o desbaste manual das árvores 6,9%. Nos produtores de alta tecnologia, as principais componentes do seu custo de produção foram a proteção contra as geadas com 27,4% do custo total, a colheita com 10,2%, a fertilização do solo com 6,0% e foliar com 4,3% e, finalmente, o seguro agrícola com 4,1%.Nos produtores de média utilização tecnológica, foram os mesmos itens que nos de alta utilização: proteção contra as geadas com 8,7% do custo total, colheita com 10,6%, fertilização do solo com 7,0% e foliar com 5,8%, e finalmente seguro agrícola com 6,1%. O único item do custo total em que os três níveis tecnológicos coincidiram em importância relativa foi o seguro agrícola, embora, não sendo igualmente importante para cada um, representasse quase um quinto do custo para o agricultor pobre, enquanto para o agricultor "rico" apenas 4,1%, o mesmo que o item da colheita, mas, tal como a componente do seguro agrícola, era uma percentagem mais elevada para os agricultores de baixa utilização.

(12,1%) e 10,2% e 10,6% em alta e média (ver Quadro 5).

5.3 Indicadores de produtividade do solo, da água, do capital e do trabalho na produção de maçã vermelha (*Malus domestica*) em Cuauhtemoc, Chihuahua, em produtores com baixa, média e alta utilização de tecnologia.

$^{-1}$A produtividade do solo entre os três tipos de produtores varia entre 10 e 35 ton ha , isso se deve às características de cada tipo de produtor, como foi dito na secção 5.1 afirmou, também, o facto de não terem acesso à tecnologia, não terem organização suficiente e falta de organização administrativa adequada, faz com que os produtores com baixo uso de tecnologia gerem o menor rendimento e lucro por hectare (US$2.806 e US$928 respetivamente), como mostra a Tabela 7, mas não os produtores com alto uso de tecnologia, que devido às suas características são os que geram o maior rendimento e lucro por hectare: US$14.607 e US$6.757 respetivamente rendimento e lucro por hectare.

$^{-1-1}$Os produtores de nível tecnológico intermédio, em termos de produtividade, rendimento e lucro por hectare, situam-se precisamente entre os de baixa e alta utilização tecnológica, e são cerca de 55% dos produtores de maçã, tal como referido na secção 5.1, tiveram uma produtividade de 22,21 ton ha , e geraram um rendimento da ordem dos 8.497 dólares ha , dos quais 3.132 dólares foi o lucro por ha (ver Quadro 7).

Tabela 7: Indicadores da produtividade da água, do trabalho e do capital na produção da cultura da maçã vermelha em Cuauhtemoc, Chihuahua, em 2013. Valores monetários em USD em 14 de abril de 2015 às 1256 horas, à taxa de $15,365 pesos mexicanos por dólar americano.

Variável económica		A) Produtores a nível baixo nível tecnológico	B) Produtores a nível alta tecnologia	C) Produtores a nível médio tecnológico	A/C	B/C
Produtividade do solo:						
Desempenho físico	ton ha^{-1}	10,00	35,00	22,21	0,45	1,58
Rendimento monetário (USD$)	Rendimento ha^{-1}	$ 2.806	$14.607	8497,71	0,33	1,72
Rendimento monetário (USD$)	Lucro ha^{-1}	$ 928	$6 .757	$ 3.132	0,30	2,16
Produtividade da água:						
desempenho físico	kg m3	0,91	3,18	2,02	0,45	1,58
desempenho físico	L kg^{-1}	1.100	314	495	2,22	0,63
desempenho monetário	US$ lucro hm 3	$ 84.341	$ 614.244	$ 284.726	0,30	2,16
Produtividade social da água	Emprego hm^{-3}	28,1	22,7	19,6	1,44	1,16
Produtividade do capital:						
RB/C		1,494	1,861	1,584	0,94	1,17
Taxa de rendibilidade	% do excedente do capital investido	49,4%	86,1%	58,4%	0,85	1,47
Produtividade social do capital (empregos gerados por milhão de dólares investidos)	Emprego/Investimento	164,5	31,8	40,1	4,10	0,79
Ponto de equilíbrio "PE	ton ha^{-1}	6,69	18,81	14,03	0,48	1,34
Desempenho físico/PE	sem dimensão	1,49	1,86	1,58	0,94	1,17
Produtividade do trabalho:						
Trabalho por ha	Dias/ha				1,44	1,16
Trabalho por ha	Horas/ha	712,0	576,0	496,0	1,44	1,16

Horas de trabalho por tonelada	h ton^{-1}	71,20	16,46	22,33	3,19	0,74
Quilogramas por hora	kg h^{-1}	14,0	60,8	44,8	0,31	1,36
Ganhos por dia	USD$ por dia^{-1}	$ 10,4	$93 ,8	$50 ,5	0,21	1,86
Salário por hora	USD$ hora^{-1}	$ 1,30	$11 ,73	$6 ,31	0,21	1,86
Fonte: Elaboração própria, com base nos dados dos quadros 4 e 6.						

Os indicadores de produtividade da água na cultura da maçã, apresentados no Quadro 7, mostram que o mesmo volume de água, um metro cúbico, produziu quantidades diferentes de maçã em cada um dos três tipos de produtores, pois verificou-se que, enquanto num produtor com baixa utilização tecnológica, esse volume de água gerou 0,91 kg de maçã, no produtor intermédio produziu 2,02 kg e, finalmente, no produtor com elevada dotação tecnológica foi de 3,18 kg.

Assim, tomando como referência o produtor intermediário, observou-se que um produtor com baixo uso de tecnologia produziu apenas 45% do que o médio produtor gera de maçãs com esse metro cúbico, mas, em contrapartida, aquele com alto uso de tecnologia produziu 2,02 vezes, ou seja, 102% mais maçãs por metro cúbico de água do que a média regional.

A resposta a esta pergunta tem a ver, em primeiro lugar, com as duas variáveis de que depende esta variável de produtividade, que mede a quantidade de kg de maçãs produzidas por metro cúbico de água de rega, ou seja, o rendimento físico por hectare e o volume de água de rega por hectare. $^{-1}$A primeira variável, o rendimento físico por hectare, depende, por sua vez, do grau de tecnologia de produção e, tal como foi registado na secção 5.1, quando se utilizam em muito pequena escala os produtores de baixa tecnologia, o seu rendimento é muito "pequeno" em relação aos produtores que utilizam mais tecnologia: 10, 22,21 e 35 ton ha . Deve-se lembrar que os produtores de baixa tecnologia (cerca de um terço do total de produtores) não têm recursos económicos elevados nem assistência técnica, geralmente não estão sujeitos a crédito, não têm ferramentas adequadas para implementar um pacote tecnológico, não têm sistemas de prevenção de granizo, $^{-1}$Isto significa que os seus rendimentos variam entre 6 e 15 toneladas por hectare, no máximo, mas não os grandes produtores, cerca de 14%, que dispõem de proteção contra a geada e o granizo, têm crédito, assistência técnica e elevada disponibilidade de recursos económicos, atingem rendimentos médios de 30 a 60 toneladas por hectare e, por vezes, mais. A segunda variável da qual depende a quantidade de kg de maçãs produzidas por metro cúbico de água de rega é o volume de água utilizado por hectare, que embora tenha sido assumido como sendo o mesmo, dado que a cultura tem a mesma necessidade de água, e embora o mesmo volume de água seja utilizado em produtores com baixa, média ou alta utilização de tecnologia de rega, Não é o mesmo que a cultivar receber água de poucos em poucos dias, ou pior ainda, que depender da água da chuva, do que gerir esse volume "V" de água exigido pela cultivar, fornecendo-lhe água nas fases mais críticas para a macieira.

$^{-3}$A produtividade da água determinada neste estudo, que utiliza dados históricos de produção, difere e ao mesmo tempo não difere dos valores de produtividade da água para a cultura da macieira na mesma região, com base em dados experimentais para ver o efeito do déficit de irrigação controlada, difere na medida em que enquanto neste estudo foi determinado que um metro cúbico de água produz em média 3,18, 2,12 e 0,91 kg m para produtores com alto, médio e baixo uso de tecnologia na produção, Quezada *et al*, [42]$^{-3-3}$(2009) verificaram que para macieiras com défice de rega controlado, a produtividade no uso da água triplica, passando de 2,39 para 7,68 kg m , mas por outro lado, o referido autor, ao considerar 2,39 kg m como parâmetro de referência com o qual se compara a macieira experimental com défice de rega controlado, aproxima-se dos 2.$^{-3}$02 kg m emanados deste estudo para os produtores médios, embora os produtores de alta tecnologia do nosso trabalho, com 3,18 kg m, teriam uma produtividade de apenas 50% da obtida experimentalmente.

Comparando agora os resultados encontrados para Cuauhtemoc, Chihuahua, de 0,91, 2,12 e 3.$^{-3}$18 kg m de maçã, para produtores de baixa, intermédia e alta tecnologia, respetivamente, apresentados no quadro 7, em relação à média mundial de

[42] Quezada, R. A. P., Franco, P. O., Alvarez, J. P. A., & Sanchez, N. C. (2009). Produtividade e crescimento da macieira sob irrigação com défice controlado. *Terra Latinoamericana*, *27*(4), 337-343.

produtividade da água na maçã (e outros produtos), [43-3]conforme relatado por Chapagaine e Hoekstra (2004) (de quem foram retirados os valores que serviram de base para a Tabela 8 deste estudo) que relatam que para produzir 100g de maçã são necessários 70 litros, ou seja, convertidos em kg m , a produtividade da água, nessa média mundial, é de 1.[-3]829 kg m , então é fácil perceber que a produtividade da água dos produtores de baixo uso tecnológico deste estudo apresentou apenas 49,7% (=0,91/1,829=0,497) do nível de produtividade média mundial, mas, tanto os produtores de uso tecnológico intermediário quanto os de uso médio de Cuauhtemoc, ficaram acima da média mundial, já que os produtores de uso médio foram 15.9% (=2,12/1,829=1,159) mais produtivos no uso da água do que a média mundial, e aqueles com alta dotação tecnológica estavam 73,9% (=3,18/1,829=1,739) acima da média mundial de produtividade no uso da água no cultivo da maçã.

Quadro 8: Pegada hídrica média global de produtos de base seleccionados

Produto	Unidade	Teor de água virtual (litros)
1 fatia de pão	30 g	40
1 batata	100 gr	25
1 maçã	**100 gr**	**70**
1 tomate	70 gr	
1 ovo	40 gr	135
1 hambúrguer	150 gr	2400
1 copo de cerveja	250 ml	75
1 copo de leite	200 ml	200
1 chávena de café	125 ml	140
1 copo de vinho	125 ml	
1 copo de sumo de laranja	200 ml	170
1 par de sapatos	couro	8000
1 t-shirt de algodão	médio, 500 gr	4100
1 folha de papel A4	$80g/m^2$	10
1 microchip	2g	

Fonte: Elaboração própria, com base em informações de: Chapagaine, A. K. e Hoekstra, A. Y. (2004) "Water footprints of nations", Value of Water Research Report Series No. 16, UNESCO-IHE, Delft, Países Baixos. em:http://waterfootprint.org

[-1]A variável inversa à discutida nos dois parágrafos anteriores, que

[43] Chapagain, A. K., & Hoekstra, A. Y. (2004). Water footprints of nations, value of water research Report Series No. 16.

é a variável que mede a quantidade de água, em litros, necessária para produzir um kg de produto, o que normalmente resultaria no que se chama de pegada hídrica, é apresentada na Tabela 7, mostrando que a pegada hídrica da cultivar de maçã produzida em baixo grau de tecnologia, com 1.100 litros kg , foi 2.$^{-1}$22 vezes a pegada hídrica da maçã produzida pelo produtor médio, com 495 litros kg , mas, em suma, o alto grau de tecnologia reduziu significativamente a pegada hídrica da cultura, uma vez que a maçã produzida com alto grau de tecnologia implicou o consumo de apenas 314 litros para produzir o mesmo kg de maçã que, insiste-se, necessitava de 1.100 litros em baixa tecnologia.

No aspeto econômico, a produtividade social da água de irrigação foi caracterizada, conforme a Tabela 7, na medida em que, utilizando um hm-3 (lembre-se que um hectômetro cúbico tem um milhão de metros cúbicos), foi possível gerar um lucro bruto de US$ 84.341 na produção de maçãs com baixo uso tecnológico, equivalente a apenas 30% do que esse volume de água gerou de lucro para o produtor médio, de US$ 284.726, mas ainda muito aquém dos US$ 614.244 que o mesmo volume de água gerou de lucro para os produtores de elite em termos de tecnologia.

No campo da economia agrícola, a parte importante é a economia, uma vez que fornece os instrumentos que ajudarão a análise, enquanto a agricultura ajuda fornecendo apenas a matéria-prima sobre a qual os instrumentos analítico-económicos serão baseados.

[44]Apesar de não se referirem à cultura da macieira, os dados de Aldaya, Novo e Lamas (2011) aludem ao valor ou rendimento monetário produzido por unidade de volume de água, a produtividade económica da água, a que chamam produtividade aparente da água, em diferentes culturas como a oliveira, a vinha, os cereais e outras, e referem que um m-3 de água tem uma produtividade aparente que varia entre 0.$^{-3}$1 em cereais a € 5,9 em morangos, com oliveiras no meio, com € 0,2 e videiras com € 0,3, portanto, ao converter para USD hm , esses números dos autores Aldaya, *et al,* (2011), para comparar com os valores encontrados no

[44] Aldaya, M. M., Novo, F., & Llamas, M. (2010). Incorporar a pegada hídrica e as necessidades ambientais de água nas políticas: reflexões da região de Donana (Espanha). *Re-thinking Water and Food Security, CRC Press/Balkema, Londres,* 193-218.

nosso estudo, verificou-se que os cereais, os morangos, as azeitonas e as vinhas, respetivamente, têm uma produtividade aparente de 112.540 USD, 6, 639.869 USD, 225.080 USD e 337.620 USD, respetivamente, que, quando comparados com os valores relativos à macieira de Cuauhtemoc (ver Quadro 7) de US$284.726 e US$614.244 para produtores de média e alta tecnologia, estariam dentro do intervalo dos valores de Aldaya et al op cit, mas deve-se notar que no caso deste estudo, Os valores monetários referem-se ao lucro por hectómetro cúbico, e não ao rendimento ou valor gerado por hectómetro cúbico como no caso dos autores acima mencionados, para que os nossos resultados sejam validados comparando-os com os da oliveira e da vinha descritos pelos autores e, além disso, considerando da nossa parte apenas o rendimento (que é sempre superior ao lucro quando este é positivo), tenderia a aproximar os valores do lucro em US$ por hectómetro cúbico no Quadro 7 dos de Aldaya *et al.* para o morango., (2010).
[3]Tendo esclarecido que os valores do quadro 7 são o lucro em USD por hm, e os de aldaya et al são o rendimento por hm, resta então converter os valores de Cuauhtemoc e Aldaya numa única unidade de medida: rendimento em USD por metro cúbico. No caso das macieiras de Cuauhtemoc, um metro cúbico gerou um rendimento de 0,772 dólares por metro cúbico para os utilizadores de média tecnologia, enquanto para os utilizadores de alta tecnologia este volume de água gerou 1,327 dólares, enquanto os valores de Aldaya *et al* (2010) variaram entre 0,11254 dólares (cereais), 6.639 (morango), US$ 0,225 (azeitona) e US$ 0,337 na videira, o que valida os valores de produtividade aparente da água que encontramos para a macieira Cuauhtemoc, posicionando seus indicadores no meio dos valores de Aldaya *et al* (2010), ou melhor, mais próximos dos do morango do que dos cereais.
Embora não existam dados a nível mundial sobre a produtividade económica da água de irrigação em termos de quantidade de lucro produzido por hectómetro cúbico de água irrigada na maçã, existem tais dados para a cultura da maçã, embora referentes ao estado de Durango, no México, o segundo estado mais importante, depois de

Chihuahua, em termos de contribuição para a produção nacional desta cultura. [45]Em 2013, os produtores de maçã de baixa e alta tecnologia nesse estado registaram lucros de 148.405 e 362.825 dólares por hectómetro cúbico, de acordo com Barrientos (2015), o que, em relação à nossa Tabela 7, que mostra 84.341 e 614.244 dólares, respetivamente, para esse tipo de produtores, permite inferir que um produtor de baixa renda em Cuauhtemoc, usando o mesmo volume de água, um hectómetro cúbico, produz apenas 56.8% de lucro do que o mesmo tipo de produtor no estado de Durango, mas, no caso de produtores altamente tecnificados, o produtor médio com esse nível de tecnologia, em Chihuahua, ao utilizar o mesmo volume de água na irrigação, um hectómetro cúbico, gera 69,3% mais lucro do que o produtor mais tecnificado em Durango.

[46]Em relação à produtividade física da água de irrigação, na mesma cultura de maçã, mas em outro estado mexicano, Durango, Barrientos (2015), determinou que entre os produtores de baixa e alta tecnologia, ao usar o mesmo volume de água na irrigação, um metro cúbico, 0,88 e 1.$^{-3}$88 kg de maçã, enquanto em Cuauhtemoc, como mostrado na Tabela 7, para o mesmo tipo de produtores, a produtividade da água foi de 0,91 e 3,18 kg m , a partir do qual se pode inferir que, enquanto entre os produtores de baixo e alto nível tecnológico de ambos os estados, o baixo nível de Cuauhtemoc é 3,4% mais produtivo que o de Durango e a alta dotação tecnológica é 69,1% mais produtiva em Chihuahua.

O que precede sugere, em primeiro lugar, que, embora os produtores de baixo nível tecnológico de Cuauhtemoc, Chihuahua, sejam menos produtivos em termos físicos na utilização da água de irrigação, são mais eficientes, mais produtivos na utilização da água, em termos económicos, mas não os produtores de alto nível tecnológico, uma vez que, tanto em termos físicos como económicos, foram mais produtivos na utilização da água de irrigação em relação aos seus homólogos do Estado de Durango. Em segundo lugar, porque Chihuahua é o principal produtor de maçã do México, e é especializado no mercado de exportação,

[45] Barrientos, D. L. Isabel, (2015). *op cit*, ver caixa 5, página 30.
[46] Barrientos, D. L. Isabel (2015), *op. cit.*, ver caixa 5, página 30.

especialmente no caso de produtores com alto uso de tecnologia, o alto nível de lucro e, portanto, a maior produtividade no uso econômico da água de irrigação, mas não no caso de produtores de baixo perfil tecnológico, que se dedicam a atender o mercado de sucos, conservas e mingaus, que demandam frutas de menor qualidade, tendo assim um menor preço por tonelada, até mesmo que seus congéneres do estado de Durango, pois, entre os produtores de baixo nível tecnológico, concluiu-se que em Durango, segundo Barrientos (2015, op cit, ver Tabela 5) os preços por tonelada foram da ordem de US$393 para ambos os produtores, enquanto em Cuauhtemoc, o preço diferiu em US$280.6 e US$ 417,4 por tonelada (ver Tabela 7 deste estudo).

A produtividade social da água de rega, ao contrário do que aconteceu com a produtividade da água em termos físicos e económicos (litros por kg, kg por metro cúbico e lucro por hm-3), revelou-se mais elevada nos produtores "pobres", os que utilizam pouca tecnologia, uma vez que, nesse segmento de produtores, um hm-3 de água de rega gerou 28,1 postos de trabalho permanentes, enquanto, de acordo com o Quadro 7, nos de média utilização de tecnologia foram produzidos 19,6 e nos de alta utilização de tecnologia foram produzidos 22,7 postos de trabalho permanentes.Isso, de acordo com os indicadores do lado direito da Tabela 7, sugere que a produtividade social da água de irrigação, em relação ao produtor médio, foi 44% maior nos produtores de baixo uso de tecnologia, enquanto nos produtores de alto uso de tecnologia essa produtividade foi apenas 16% maior que a média.

Este facto era perfeitamente previsível, uma vez que, precisamente por utilizarem pouca tecnologia, os produtores de baixa tecnologia privilegiam o trabalho vivo, ou seja, a utilização intensiva de mão de obra, por vezes o único recurso de que o produtor pobre dispõe, embora, naturalmente, na altura da colheita o trabalho da família não seja suficiente e seja necessário contratar mão de obra temporária. [47]A CEPAL (1982) . afirma que, enquanto na produção camponesa - no caso, o produtor de baixa tecnologia - o compromisso do chefe da empresa com a força de trabalho é total,

[47] CEPAL. 1982. Economia Campesina y Agricultura Empresarial (Tipologia de Productores del Agro Mexicano). México, Siglo XXI Editores

na medida em que todo ou boa parte do trabalho utilizado na produção é de natureza familiar e só marginalmente incorre na contratação de mão de obra, como na época da colheita, O mesmo não acontece com o empresário - neste caso, o produtor com elevada utilização de tecnologia - cuja única ligação com a força de trabalho é de natureza jurídica, ou seja, quando se utiliza mais tecnologia, dispensa-se, em primeiro lugar, o trabalho familiar e, em segundo lugar, mecaniza-se a produção precisamente para se libertar do trabalho, reduzindo assim a quantidade de trabalho nos produtores com média e elevada utilização de tecnologia.

Até este ponto, pode concluir-se que, em termos físicos e económicos, a produção de maçãs é superior na produção de alta tecnologia, uma vez que reduz a pegada hídrica e aumenta a quantidade de produto por metro cúbico de água, mas o mesmo não acontece em termos de produtividade social, uma vez que, socialmente, é mais rentável utilizar a água na produção de maçãs de baixa tecnologia, uma vez que gera emprego.

A produtividade do capital, de acordo com a Tabela 7, foi sem dúvida maior na produção de alto uso de tecnologia, onde a Relação Custo Benefício foi maior, com um índice de 1,881, enquanto nos produtores médios o indicador foi igual a 1,584 e, finalmente, nos produtores de baixo uso de tecnologia, a taxa de lucro foi de 49,4%. O exposto acima sugere que nos três perfis de produtores o investimento é recuperado, mas a taxa de lucro sobre o capital investido é menor nos produtores pobres, onde 49,4% do capital investido é ganho, enquanto nos produtores com alto uso de tecnologia a taxa de lucro foi da ordem de 86,1%, ou seja, um pouco mais de 36 unidades percentuais acima, enquanto a média dos produtores está em torno de um lucro de 58,4%.

Uma variável económica muito importante é a capacidade do capital investido para gerar empregos, pois o quadro 7 mostra que o mesmo montante de capital investido, um milhão de dólares americanos, gerou 164,5 empregos na produção de maçãs de baixo nível tecnológico contra 31,8 empregos na produção de maçãs com elevado uso de tecnologia e, finalmente, correspondeu a uma média de 40,1 empregos por cada milhão de dólares

americanos investidos nos produtores com dotação tecnológica média.
É necessário sublinhar que não se deve sobreponderar uma única variável e desligá-la das outras, ou seja, não se deve isolar a produtividade social do capital e sobrevalorizá-la de modo a recomendar a produção de maçãs com baixa tecnologia e a gerar políticas governamentais que desencorajem a produção de maçãs com alta tecnologia, porque a primeira gera muito emprego e a segunda não. Por exemplo, se o principal objetivo é poupar os recursos hídricos para utilizar uma parte deles no futuro, então a maçã de alta tecnologia seria a que deveria ser incentivada, sabendo que isso levaria a um maior desemprego, mas se o emprego é essencial para reduzir os índices de criminalidade, então a produção em pequena escala é a ideal a incentivar.
O ponto de equilíbrio em economia é uma questão importante para o produtor, uma vez que sugere a quantidade física a produzir para começar a ter lucros, pelo que, se o produtor produzir menos do que essa quantidade, terá prejuízos, uma vez que no ponto de equilíbrio a receita é igual ao custo. Assim, a Tabela 7 mostra que no caso dos produtores médios em termos de utilização de tecnologia, o ponto de equilíbrio foi de 14,03 toneladas, mas estes produtores tiveram rendimentos físicos na ordem das 22,21 toneladas, conforme a parte superior da mesma tabela, o que sugere que os produtores médios tiveram um rendimento físico 58% (o indicador foi de 1,58) acima do ponto de equilíbrio, ao contrário dos produtores com baixa utilização de tecnologia, em que o ponto de equilíbrio foi de 6,69 toneladas ha, mas o seu rendimento físico foi de 1,58 toneladas ha.69 toneladas ha, mas o seu rendimento físico foi de apenas 49% (o indicador foi de 1,49), o que embora indique que produziram lucro, em relação à produção média regional deixa-os numa má posição, uma vez que estão mais perto da zona de prejuízo do que o produtor médio, o que dificulta o seu acesso ao crédito, uma vez que as instituições financeiras são a primeira coisa que olham: quanto produzem por hectare e quanto é o mínimo que deve ser produzido para obter lucro. É preciso lembrar que na secção 5.1 foram apontadas algumas das

características de cada um dos produtores, e entre aqueles com baixo uso tecnológico não havia acesso ao crédito, agora sabemos que é precisamente porque têm um ponto de equilíbrio baixo.

-1O mesmo não acontece com os produtores com elevado uso de tecnologia, uma vez que, enquanto o ponto de equilíbrio para eles foi de 18,81 ton ha , o seu rendimento físico foi 86 unidades percentuais acima deste mínimo económico, o que lhes permite continuar neste círculo virtuoso de ter acesso ao crédito porque têm uma produção elevada e têm uma produção elevada devido ao seu acesso a linhas de crédito, que foi uma das suas características apontadas na secção 5.1 (Tabela 7).

A produtividade do trabalho, bem como a produtividade do solo, da água e do capital, foi diferente para os três níveis de tecnologia de produção. Uma das principais diferenças verificou-se na quantidade de horas de trabalho investidas por tonelada, uma vez que, enquanto o produtor médio necessitou de 22,33 horas de trabalho para produzir uma tonelada de maçãs, o produtor pobre e de baixa tecnologia necessitou de 3,19 vezes essa quantidade de trabalho, necessitando de 71,20 horas de trabalho, enquanto o produtor de alta tecnologia necessitou apenas de 16,46 horas de trabalho por tonelada.

Uma forma particular de produtividade social é a que se relaciona com o investimento em trabalho (social ou médio) por unidade de produto físico, toneladas neste caso, de facto, esta forma particular de produtividade é uma das bases em que assenta a teoria do comércio internacional proposta pelo economista clássico David Ricardo, que precisa melhor a análise de Adam Smith, demonstrando que é possível um comércio mutuamente vantajoso entre países mesmo quando só existem vantagens comparativas, chegando à conclusão de que as vantagens comparativas absolutas são um caso especial de um princípio mais geral que é precisamente o das vantagens comparativas. [48]David Ricardo mostra que, a partir da noção de custo comparativo (em horas de trabalho investidas por unidade de produto), é possível definir padrões de especialização, tendo em conta dois elementos: o custo

[48] Pontificia Universidad Catolica del Ecuador. Economia e Finanças. http://www.puce.edu. ec/econom^a/efi

do trabalho e os termos de troca entre países.

Os Estados Unidos, devido à sua localização geográfica e ao seu clima, são um local favorável à produção de maçã, o que lhe confere vantagens comparativas na produção deste fruto, pois sabe-se que "as exportações americanas são dirigidas para o Canadá, UE-15,

Japão e Hong Kong, 75% dos quais diversificados em alface, cebolas, tomates, brócolos, maçãs, laranjas e uvas. No entanto, os EUA são um importador líquido de frutas e produtos hortícolas devido ao aumento do consumo interno de produtos hortícolas frescos. O Departamento de Agricultura dos Estados Unidos indica, para 1997, um consumo per capita de 72 kg de frutos frescos e de 79 kg se se incluir o consumo.

[49](COOK, 1998) , o que indica que a maçã de Chihuahua tem uma janela de oportunidade, devido à sua proximidade geográfica com os Estados Unidos da América, uma vez que, como o mercado interno desse país é especializado na produção de legumes, necessita de fruta fresca, ou seja, retomando o ponto referido no parágrafo anterior, embora nos Estados Unidos a quantidade de horas de trabalho investidas por tonelada seja inferior, em comparação com 16.46 a 22,33 horas de mão de obra por tonelada (produtores de alta e média tecnologia, respetivamente, ver quadro 7), Chihuahua tem uma vantagem comparativa dada a especialização da produção americana em produtos hortícolas, mas seria melhor para a produção de maçãs em Chihuahua se este investimento em mão de obra pudesse ser reduzido, a fim de cimentar a vantagem já existente.

Uma variante da produtividade social descrita e analisada nos parágrafos anteriores é a apresentada na tabela 7 para a quantidade de kg produzidos por hora de trabalho. Assim, determinou-se que nos produtores médios, aqueles com uso médio de tecnologia, uma hora de trabalho vivo produziu 44,8 kg de maçãs, enquanto nos outros dois perfis de produtores foram gerados um total de 14,0 e 60,8 kg no mesmo tempo de trabalho, uma hora. Isso sugere que, em relação ao produtor médio, aquele

[49]Cook, R. L. (1998, junho). International trends in the fresh fruit and vegetable sector. Em *WCHR-World Conference on Horticultural Research 495* (pp. 143-156).

com baixo uso de tecnologia tem uma produtividade por hora de trabalho de apenas 31% (o indicador na Tabela 7 foi igual a 0,31) da produtividade média regional, enquanto o produtor com alto uso de tecnologia foi 36% da média regional (o indicador foi 1,36).

Em relação às vantagens comparativas analisadas, mostra-se que a produção de maçãs por produtores pobres, aqueles com baixo uso tecnológico, encontra-se em situação desvantajosa para se aproximar de uma possível estrutura de comercialização internacional, de modo que sua estratégia tem sido atender o mercado interno com maçãs de menor qualidade a preços mais baixos (ver Tabela 4, onde a diferença entre os preços de cada perfil de produtores é claramente mostrada: $280.6, $382,6 e $417,4 USD por tonelada), visando estratos de mercado pouco exigentes, pelo que grande parte da sua produção abastece a produção nacional de sumos e, em menor escala, o consumo em fresco.

A diferente dotação tecnológica repercutiu, como foi demonstrado, não apenas em termos de gradientes de produtividade física, bem como de investimento em mão de obra por tonelada, mas também em termos de uma diferença entre produtores no montante do lucro bruto produzido por unidade de trabalho investido. Assim, a Tabela 7 mostra que, enquanto em um produtor pobre, um dia de trabalho representava US$ 10,4 de lucro, na média regional esse valor subia para US$ 50,5, mas, no caso dos produtores altamente tecnificados, o lucro subia para US$ 93,8 por dia de trabalho.

CAPÍTULO VI

VI. CONCLUSÕES E RECOMENDAÇÕES

6.1 Conclusões

O objetivo de determinar indicadores para visualizar e comparar a produtividade da água, do trabalho e do capital em cada um dos três níveis de tecnologia na produção de maçã vermelha em Cuauhtemoc, Chihuahua, foi alcançado.

$^{-1-1}$Com base nos modelos matemático-económicos utilizados e nos resultados obtidos por esta metodologia, rejeita-se a primeira hipótese, pois embora os produtores de alta tecnologia de uso "AT" tenham apresentado a menor pegada métrica 314 litros kg , contra 495 e 1.100 litros kg , nos produtores MT (média tecnologia de uso) e BT (baixa tecnologia de uso) respetivamente, bem como tenham o maior índice de produtividade da água 3.$^{-3-3-3-3}$18 contra 2,02 (MT) e 0,91 (B) kg m , não foram os que geraram mais emprego pela utilização de um hectómetro cúbico de água na rega, correspondendo a indicadores de 28,1 empregos hm para os produtores BT e 19,6 empregos hm nos produtores MT e 22,7 empregos hm nos produtores AT.

Com base nos modelos matemático-económicos utilizados e nos resultados obtidos por esta metodologia, rejeita-se a segunda hipótese, pois apesar de os produtores com elevado uso de tecnologia "AT" apresentarem o Rácio Benefício-Custo "RB/C" mais elevado, 1,861, contra 1,584 e 1.494 nos produtores MT (médio uso de tecnologia) e BT (baixo uso de tecnologia), respetivamente, não foram aqueles em que mais emprego é gerado pelo investimento de um milhão de USD na produção, correspondendo a indicadores de 164,5 empregos por milhão de USD para os produtores BT e 40,1 empregos por milhão de USD nos produtores MT e 31,8 empregos por milhão de USD nos produtores AT.

Com base nos modelos matemático-económicos utilizados e nos resultados obtidos por esta metodologia, a terceira hipótese não é rejeitada, uma vez que os produtores com alto uso de tecnologia "AT" mostraram ter a maior quantidade de kg de maçãs produzidas por hora de trabalho, 60,8, contra 44,8 e 14.0 nos produtores MT (médio uso de tecnologia) e BT (baixo uso de tecnologia) respetivamente, também, os produtores AT foram os que produziram mais lucro por hora de trabalho investido na produção, correspondendo-lhes indicadores de US$11,73 de lucro por cada hora de trabalho, em comparação com os produtores MT e BT, que no mesmo lapso de tempo, uma hora de trabalho, produziram lucros da ordem de US$6,31 e US$1,30 respetivamente.

Verificou-se que, no período de 2002-2013, a rendibilidade estava a diminuir para os produtores de AT e MT, enquanto para os produtores de BT a rendibilidade estava a aumentar, uma vez que o BR/C diminuiu de 2,38 para 1,86 para os produtores de alta utilização de tecnologia e diminuiu de 1,86 para 1,58 para os produtores de média utilização de tecnologia, enquanto para os produtores de baixa utilização de tecnologia o BR/C aumentou de 1,37 para 1,49. Há duas causas imediatas para este facto, uma vez que o rácio BR/C depende de duas variáveis independentes: rendimento e custo. No período 2002-2013, o rendimento por hectare multiplicou-se por 1,97, 1,94 e 1,30 entre os produtores AT, MT e BT, respetivamente, enquanto o custo por hectare se multiplicou por 2,52, 2,29 e 1,23, respetivamente, pelo que, como a velocidade de crescimento do custo foi superior à do rendimento nos produtores AT e MT, estes perderam unidades percentuais de rendibilidade, o que não aconteceu com os produtores BT, onde o rendimento aumentou a um ritmo superior ao dos custos, o que os fez ganhar onze unidades percentuais no seu RB/C. Ao mesmo tempo, deve ficar claro que o rendimento depende de duas variáveis independentes: o rendimento físico "RF" por hectare e os preços "p", e embora o rendimento físico tenha aumentado mais rapidamente entre os produtores de AT e MT do que entre os produtores de BT (RF aumentou 1,07, 1,15 e 1,06, respetivamente), os preços "p" aumentaram em maior proporção entre os produtores de AT e MT do que entre os produtores de BT (p multiplicado por 1,83 em AT, por 1,68 em MT e por 1,23 em BT), mas, ao mesmo tempo, os preços "p" aumentaram em maior proporção entre os produtores de AT e MT do que entre os produtores de BT (p multiplicado por 1,83 em AT, por 1,68 em MT e por 1.23 na BT), mas, como já foi referido, o aumento mais rápido dos custos entre os produtores de alta e média tecnologia em relação aos produtores de baixa tecnologia anulou o efeito positivo dos avanços na produtividade agrícola resultantes da maior utilização de tecnologia (medido pelo avanço nos rendimentos físicos), e, além disso, anulou também a evolução favorável dos preços de venda das suas maçãs, em resultado da sua maior organização e poder de negociação, o que parece estar a conduzir a um círculo vicioso entre produtores de média e alta tecnologia: Os produtores de média e alta tecnologia, ao utilizarem mais tecnologia para aumentarem a sua rendibilidade, pressupõem que o custo dessa maior utilização de tecnologia continue a aumentar mais rapidamente do que os seus rendimentos. [50]Marx já afirmava que a principal causa da tendência decrescente da taxa de lucro é a tecnologia, uma vez que esta pressupõe o aumento da composição orgânica do capital, diminuindo assim a taxa média de lucro através da diminuição proporcional do trabalho vivo em relação ao trabalho pretérito, consubstanciada no aumento da utilização de maquinaria.

6.2 Recomendações

A água é um recurso essencial nas zonas áridas e semi-áridas do México, uma vez que a sua contribuição limita a produção agrícola do país. No entanto, neste estudo observou-se que o preço real da água representava uma percentagem muito baixa do custo de produção, o que leva a uma utilização irracional da água. Assim, os estudos de produtividade da água devem avaliar não só a produtividade física, mas também a produtividade económica e social, uma vez que o uso da água deve ser equitativo, sustentável e socialmente responsável. Recomenda-se, portanto, que este tipo de estudo seja efectuado não apenas sobre uma única cultura, mas sobre os padrões gerais de cultivo que compõem uma região agrícola, a fim de encontrar padrões adequados por ano agrícola que possam reduzir a pressão exercida sobre os recursos hídricos.

[50] Marx, C. 1985. Capital, volume I, Fondo de Cultura Economica, México, D. F. Ver o capítulo sobre a formação da taxa de lucro e a sua tendência decrescente.

LITERATURA CITADA

Aldaya M. M., Niemeyer I, e Zarate E. (2011). Água e Globalização: Desafios e oportunidades para uma melhor gestão dos recursos hídricos. Revista Espanola de Estudios Agrosociales y Pesqueros, 2011; 230: 61-83.

Aldaya, M. M., Novo, F., & Llamas, M. (2010). Incorporar a pegada hídrica e as necessidades ambientais de água nas políticas: reflexões da região de Donana (Espanha). *Re-thinking Water and Food Security, CRC Press/Balkema, Londres,* 193-218.

Barrientos, D. L. Isabel, (2015). Produtividade da água, solo, capital e trabalho no cultivo de maçã (*Malus domestica*) em Canatlan, Durango, México. Tese de licenciatura. Universidad Autonoma Chapingo, Unidad Regional Universitaria de Zonas Aridas, Bermejillo, Durango, México. Ver Quadro 5, página 30.

Boutraa, T. (2010). Melhoria da eficiência do uso da água na agricultura de regadio: uma revisão. *Jornal de Agronomia*, *9*(1), 1-8.

Caravantes, R. E. D., Pena, L. C. B., Cejudo, L. C. A., & Flores, E. S. (2013). Pressão antropogénica sobre as águas subterrâneas no México: uma abordagem geográfica. *Investigaciones Geograficas, Boletm del Instituto de Geografia*, *2013*(82), 93-103.

CEPAL (1982). Economía Campesina y Agricultura Empresarial (Tipología de Productores del Agro Mexicano). México, Siglo XXI Editores

Chapagain, A. K., & Hoekstra, A. Y. (2004). Water footprints of nations, value of water research Report Series No. 16.

CONAGUA (2010). Registro Publico de Derechos de Agua, Comision Nacional del Agua. Recuperado em 15 de outubro de 2010. Disponível em www.conagua.gob.mx

CONAGUA (2011a), Atlas del Agua en México, SEMARNAT-Gobierno Federal, México.

CONAGUA (2011b), Estad^sticas del Agua en Mexico, Comissão Nacional da Água. Disponível em: www.conagua.gob.mx

CONAGUA e COLPOS. (2007). Plan diretor: union de asociaciones de usuarios de aguas subterránraneas del acuifero de Cuauhtemoc, Chihuahua, S de RL de IP de CV, Comision Nacional del Agua.

CONAGUA (2009). Atualização da Disponibilização Média Anual de

Água Subterrânea Acuifero (0805) Cuauhtemoc, Estado de Chihuahua, Comissão Nacional da Água. Disponível em: http://www.conagua.gob.mx

Cook, R. L. (1998, junho). International trends in the fresh fruit and vegetable sector. Em *WCHR-World Conference on Horticultural Research 495* (pp. 143-156).

Cooper, P. J. M., Dimes, J., Rao, K. P. C., Shapiro, B., Shiferaw, B., & Twomlow, S. (2008). Como lidar melhor com a atual variabilidade climática nos sistemas agrícolas de sequeiro da África Subsariana: um primeiro passo essencial para a adaptação às futuras alterações climáticas? *Agriculture, Ecosystems & Environment, 126*(1), 24-35.

De Vries, F. P. (2001). Segurança alimentar? Estamos a perder terreno rapidamente! *Crop science: Progress and prospects*, 1.

Falkenmark, M. & Rockstrom, J. (2006). The New Blue and Green Water Paradigm: Breaking New Ground for Water Resources Planning and Management. *J. Water Resour. Plann. Manage*. 132(3), 129-132.

Falkenmark, M., & Rockstrom, J. (2004). *Balancing water for humans and nature: the new approach in ecohydrology*. Earthscan.

Fereres, E., Orgaz, F., & Gonzalez-Dugo, V. (2011). Reflexões sobre segurança alimentar sob escassez de água. *Journal of Experimental Botany*, *62*(12), 4079-4086.

Fischer, R. A., Byerlee, D., & Edmeades, G. O. Can technology deliver on the yield challenge to 2050? 46p.

Gamez, A.B. (2014). A produção de morango *(Fragaria vesca)* do DR-14 Rio Colorado, BC e DR-085 Celaya, Guanajuato e sua pegada Myrica. Tese de bacharelato. Universidade Autónoma de Chapingo. Unidade Regional Universitária de Zonas Áridas, Bermejillo, Durango.

Guerrero-Prieto, V., Trevizo, G., Figueroa, C., Romo, A., Gardea, A., & Blanco, C. (2004). Identificação de leveduras epifíticas obtidas de maçã [Malus sylvestris (L.) Mill. var. domestica (Borkh.) Mansf.] para controlo biológico pós-colheita. *Revista Mexicana de Fitopatologia*, *22*(2), 223-230.

Harrison, P., Bruinsma, J., de Haen, H., Alexandratos, N.,

Schmidhuber, J., Bodeker, G., & Ottaviani, M. G. (2002). World agriculture: towards 2015/2030. *Online, http://www. fao. org/documents.*

Hoekstra Arjen Y., Ashok K. Chapagain, Maite M. Aldaya e Mesfin M. Mekonnen. Chapagain, Maite M. Aldaya e Mesfin M. Mekonnen (2011). The Water Footprint Assessment Manual Setting the Global Standard (Manual de Avaliação da Pegada Hídrica: Definindo o Padrão Global). Earthscan Ltd, Dunstan House, 14a St Cross Street, Londres. ISBN: 978-1-84971-279-8.

INEGI. 2010. Quadro Geoestatístico Municipal 2010, versão 5.0.

Jury, W. A., & Vaux, H. (2005). The role of science in solving the world's emerging water problems. *Actas da Academia Nacional das Ciências dos Estados Unidos da América*, *102*(44), 15715-15720.

Marx, C. (1985). El Capital, vol. I, Fondo de Cultura Economica, México, D. F. Ver o capítulo sobre a formação da taxa de lucro e a sua tendência decrescente.

Mata, E., O. A. (2004). Dinâmica populacional e manejo biológico de nematóides associados a cultivos de maçã (Pyrus malus L.) em duas localidades de Cuauhtemoc, Chihuahua. Tese de Bacharelado. Universidad Autonoma Agraria "Antonio Narro" Division De Agronom^a. Buenavista, Saltillo, Coahuila. México. março de 2004

Molden D. (2007). *Water for food, water for life: a comprehensive assessment of water management in agriculture. Londres: Earthscan; Colombo: Instituto Internacional de Gestão da Água; 2007.*

Nature 2010. Pode a ciência alimentar o mundo? 2010. http://www.nature.com/news/specials/food/index.html. Acedido em 30 de julho de 2015.

ONU, (2014). Nações Unidas. Departamento de Assuntos Económicos e Sociais, http://www.un.org/es/html

Passioura, J. (2006). Aumentar a produtividade das culturas quando a água é escassa - da criação à gestão no terreno. *Agricultural water management*, *80*(1), 176-196.

Pena, A. G., & Alatorre, L. C. Avaliação das captações de água subterrânea por métodos indirectos na região de Cuauhtemoc,

Chihuahua, México: aplicação de deteção remota e SIG. *Revista Latino-Americana de Recursos Naturais,* 9 (1): 141149.
Plano de Desenvolvimento do Estado 2004-2010. Governo do Estado de Chihuahua. pp. 99-101.
Plan estatal de desarrollo 2010 -2016 (2010). Governo do Estado de Chihuahua, pp. 160-167.
Pontificia Universidad Catolica del Ecuador. Economia e Finanças. http://www.puce.edu.ee/economia/efi
Postel, S. L. (2000). Entrando numa era de escassez de água: os desafios futuros. *Ecological Applications*, *10*(4), 941-948.
Quezada, R. A. P., Franco, P. O., Alvarez, J. P. A., & Sanchez, N. C. (2009). Produtividade e crescimento da macieira sob irrigação com défice controlado. *Terra Latinoamericana*, *27*(4), 337-343.
Ramkez-Legarreta, M. R., Jacobo-Cuellar, J. L., Avila-Marioni, M. R., & Parra-Quezada, R. A. (2006). Perdas de colheita, eficiência de produção e rentabilidade de pomares de maçã com diferentes graus de tecnologia de pomar em Chihuahua, México. *Revista Fitotecnia Mexicana*, *29*(3), 215-222.
Salmoral, G., Dumont, A., Aldaya, M. M., Rodriguez-Casado, R., Garrido, A., & Llamas, M. R. (2012). *Análise da pegada hídrica alargada da bacia hidrográfica do rio Guadalquivir.* Fundação Marcelino Botin.
UACH, (2007). Evaluacion de Alianza para el Campo de los Sistemas Producto Fruttcolas en el Estado de Chihuahua. Universidad Autonoma de Chihuahua, 26-37pp.
UN-Water, (2012). O Desenvolvimento Mundial da Água das Nações Unidas: Gestão da Água sob incerteza e risco. Programa Mundial de Avaliação da Água (WWAP). Relatório 4. Unesco, Paris, França.861p.

Printed by Books on Demand GmbH, Norderstedt / Germany